原来**物理**
还有这么多
未解之谜

[德]**格尔德·甘特佛**（Gerd Ganteför）———— 著

司晓明 徐承志 ———— 译

人民邮电出版社
北　京

图书在版编目（CIP）数据

原来物理还有这么多未解之谜 /（德）格尔德·甘特佛著 ; 司晓明，徐承志译. -- 北京 : 人民邮电出版社，2025. --（图灵新知）. -- ISBN 978-7-115-67068-7

Ⅰ. O4

中国国家版本馆 CIP 数据核字第 20259KZO21 号

内 容 提 要

本书作者格尔德·甘特佛以通俗易懂的语言解释了当前物理学还不能完全解释的开放性问题，并从物理学基本规律、宇宙基本构成、人类的知识边界等角度进行了探讨，涉及暗物质、暗能量、希格斯粒子、霍金辐射等极具吸引力的话题。本书内容新颖，其中不少观点颇具独创性，适合所有对物理学感兴趣的人士阅读。

◆ 著　　　　[德] 格尔德·甘特佛（Gerd Ganteför）
　　译　　　　司晓明　徐承志
　　责任编辑　魏勇俊
　　责任印制　胡　南

◆ 人民邮电出版社出版发行　　北京市丰台区成寿寺路11号
　　邮编　100164　电子邮件　315@ptpress.com.cn
　　网址　https://www.ptpress.com.cn
　　涿州市京南印刷厂印刷

◆ 开本：880×1230　1/32
　　印张：5.875　　　　　　　　2025 年 8 月第 1 版
　　字数：115 千字　　　　　　 2025 年 8 月河北第 1 次印刷
　　著作权合同登记号　图字：01-2023-3910号

定价：59.80元
读者服务热线：(010)84084456-6009　印装质量热线：(010)81055316
反盗版热线：(010)81055315

版权声明

前言

本书汇集了我过去 10 年在康斯坦茨大学教授物理学硕士课程的精华内容。虽然我所在的系专注于纳米科学研究，但在教学中仍会涉及物理学的其他领域。因此，作为纳米领域的专家，我被安排教授与我的实际研究领域无关的主题，其中包括"天体物理学"和"知识的边界"两门讲座。我最初的学术背景是核物理学，因此也经常教授"核物理和粒子物理"课程。此外，我教授的主要课程还包括"纳米科学"和"量子力学基础"，每门课程需要 20~40 小时的授课时间。但在本书中，我将以更为简洁的方式介绍这些内容，对一些复杂的概念也会重点讲解，同时避免不必要的重复。

在我职业生涯的起步期，和许多人一样，我曾认为科学家已经对世界进行了广泛的探索，尚未解决的问题也会在可预见的未来得到解答。然而，当我深入探索被认为是基础科学的物理学时，随着认知的提升，我对物理学世界观的完整性产生了怀疑。为了描述现实世界，物理学发展出了一种模型。这种模型起初看起来令人信服，但如果仔细审视，就会发现其中存在漏洞和模糊之处。此外，还存在一些未经证明的假设作为"补丁"，这些补丁被临时用于解决理论模型中的不一致性问题。以暴胀理论为例，它认为宇宙在大爆炸后的极短时间内以超光速膨胀。这一说法只是理论假设，没有实验证据。它是大爆炸理论的一个补丁，用于解决所谓视界问题。我在本书中会详细地解释这一点。毫无疑问，如果没有这个补丁，该理论的有效性将受到质疑。但大爆炸理论本身存在一个问题，即无法解释大爆炸的起源。如果一种理论无法解释其本身名称所指代的现象的起源，那么它还合理吗？

实际上，还有许多类似的问题和未解之谜。在本书的最后两章，我们将讨论超出人类目前理解能力的科学事实。或许，人类的理解能力无法把握存在于日常生活之外的现实。例如，一些物理学家认为一切存在的基础不是物质，而是信息。什么意思呢？从某种意义上来说，可以将信息等同于意识。"什么？"我仿佛已经听到有人喊道："意识作为一切存在的基础？这听起来非常不科学！"然而，在物理学界确实有一些人支持这个观点。他们的口号是"万物源自比特"，意思是一切存在都源于信息。起初，我对此只是感到好奇。然而，随着我对物理学了解得越多，思考就越深，而本书就是这一思考的直接体现。

目录

第 1 章

暗星云中的文明

本书探讨了一个引人深思的问题：物理学能否解释所有事物？本书的主题关乎我们对现实的理解——包括目前我们已知的、我们认为已知的，以及我们尚未了解的。我们的讨论基于各大科学期刊上已经公开发表的实验结果，其中有些结果与当前的理论不吻合。这暗示我们对现实的理解或许存在盲区，事实上，有更多事物已经超出了我们现有的认知。

物理学家以唯物主义视角看世界，仿佛宇宙是一台按照自然规律运行的庞大机器。这种观点摒弃了精神、感觉、意识乃至生命的存在，侧重于从机械的角度分析万物，拒绝讨论超自然现象。虽然这并非什么新鲜观念，但主流思想往往会影响我们的认知。人们曾相信地球是平的，是宇宙的中心，而如今这些观点都已被证伪。当下，生命和意识被视为偶然出现的小概率事件，这让世界丧失了神秘感。

如果一个物理模型和主流观念相吻合，人们可能会忽视与之相悖的观测结果。但实际上，现实世界极其复杂，我们的认知可能过于简单。期待随着时间的推移，我们的认知会更加深入。

自然科学需要理论与实验相匹配。尽管理论繁多，但真正与现实相符的只有少数，而且这种相符必须经由实验的验证。只有当一个理论通过了实验验证后，我们才能认为它是正确的，因为它至少准确地描述了现实的一部分。即使在本书中，我们也必须提供实证，以证明存在超越当代物理学的现实。然而，我们无法描述未知，而只能提供这些领域在现实世界中存在的证据。这种证据有很多，我们只会讲述其中最重要的部分。

这些证据主要体现在物理学中尚未解决的问题和存在的矛盾上。人们可能认为这些只是小问题，会随着时间的推移自行解决。虽然我们无须从根本上改变世界观，但问题和矛盾可能暗示着我们当下的认知存在局限。

从前，宇宙中有一片暗星云。这些由宇宙尘埃组成的聚集体在很大尺度上不透光。利用空间望远镜进行红外观测，我们知道其中也存在恒星。在我们的设想中，暗星云中的"太阳"周围有三颗绕着它运转的行星：一颗是位于中心附近的极热岩石行星，类似我们的水星；一颗是位于边缘的红色气态巨行星，类似我们的木星；最后还有一颗是蓝色的"水星"，在无尘的区域以合适的距离绕着太阳运转（见图 1-1）。

图 1-1：想象中的暗星云中的文明。暗星云的中心是一个有三颗行星的"太阳系"。蓝色行星上生活着智慧生命，但他们并不知道其他恒星或星系的存在

假设这颗蓝色行星上的条件与地球一样，有利于生命的发展，那么生命也会在这里诞生，并经历类似我们所熟悉的演化阶段。这样的话，这颗行星最初为一个灼热的熔岩球，然后逐渐冷却。经历了数万年的雨水冲刷之后，这颗行星上出现了海洋。在海洋中，简单的单细胞生物诞生了。在接下来的二三十亿年里，光合作用使大气层中的氧气越来越多。这加速了生命演化的进程。新形成的臭氧层使生命免受紫外线辐射，从而使生命能来到陆地上。陆生植物和陆生动物逐渐发展到更高的阶段，最终演化出了智慧生命。这种智慧生命的具体形态

并不重要。重要的是，他们会使用工具，建造机器，并会思考自己所生活的世界是如何在宇宙中形成的。

因此，到目前为止，几乎一切都和地球上的情况一样，只有一个重要的区别：智慧生命对其他恒星、星系和宇宙微波背景辐射（大爆炸的余晖）一无所知。由于身处暗星云中，他们对宇宙的认识受到严重限制。

这里的科学家发现了和地球上类似的自然规律，发展出了复杂的生物学、化学和物理学。他们知道，物质是由原子构成的，原子又由基本粒子构成。他们发现了夸克和四种自然力，成功用数学描述了"太阳"内部的核聚变过程。他们研究了周围的宇宙空间，但只看到了无限延伸的宇宙尘埃。他们的探测器深入暗星云数十亿千米，却仍然只能看到黑暗。他们不知道自己所处的只是一片暗星云，而后者只是更大的银河系里的一小部分。从他们的角度看，整个宇宙似乎都是由尘埃构成的。但这些尘埃从哪里来，为什么会有一个"太阳"和三颗行星在其中？

暗星云中的科学家经过长时间的思考，最终提出了"原初洞理论"。根据这个理论，在很久很久以前——根据尘埃体量的粗略估计，至少是100亿年前——时空中突然产生了一个洞。通过这个洞，氢原子以恒定的速率流入时空，并在洞周围形成了一个不断膨胀的气泡。气泡通过自身的引力聚集在一起。随着气泡质量的增加，这种引力不断增大，直到整个体系收缩，中心的氢原子开始聚变。"要有光"（《圣经·创世纪》里的一句经典话语）——"太阳"就此诞生。因为聚变燃料源源不断地从原初洞中流入，所以太阳可以一直燃烧下去。按照该理论，宇宙中的大部分尘埃只是太阳燃烧的副产品，它们会被太阳风携带到远处的太空。科学家收集到的尘埃的组成成分也与在恒星中心进行的聚变反应相匹配。

尽管原初洞理论的支持者用大量观测结果来支撑他们的理论，且能解释许多以前令人费解的现象，但还是有人持怀疑态度。例如，有人会质疑，为什么几十亿年来，氢原子会以恒定流量从原初洞中流出。该理论的支持者提供了一个解释，该解释基于四维时空结构中的奇点理论，除了他们自己，没有人能理解。无论如何，他们坚信已知的自然规律并不会与恒定流量的现象相矛盾。虽然怀疑者仍然保持怀疑，但他们无法反驳这一点，因为原初洞理论的数学知识远超他们的理解范畴。此外，这类理论属于物理学的模型构想，无法被证伪——除非能在实验室中创造出一个原初洞，或者将探测器送入太阳的中心。但二者在技术上都无法实现。

怀疑者还有另一个问题：那些比铁重的化学元素是如何产生的？这些元素无法通过太阳中的聚变过程产生，那么它们来自哪里？原初洞理论的支持者有些尴尬地回答说："我们目前没有确切的解释，只有一个假设。"他们推测存在一种未知的物质——他们称之为"亮物质"，这种能催化重元素产生的物质只能在太阳中心的白炽状态下存在。此后，人们对这种神秘物质进行了大量的研究，但始终未能发现它。

然而，怀疑者还有更多的疑问：原初洞是如何形成的，原初洞形成之前的宇宙又是什么样子的？但原初洞理论的支持者逐渐感到不耐烦。他们意识到一个问题：这个理论不能解释原初洞本身。支持者反驳道："在原初洞形成之前，宇宙中没有物质，每一个时间点的状态都与之前的时间点完全相同。因此，他们的问题是无意义的。"面对这样的反驳，怀疑者起初感到惊讶，后来认为这只是一种托词。他们的问题仍然没有得到解答。

这个故事旨在说明，悬而未决的问题意味着人类目前对现实的认识仍然有限。这些问题体现在我们发展出来的科学理论中，而后者的产生则是基于我们所拥有的不完备的知识。事实上，这样的理论甚至可能是完全错误的。故事中的问题就是一个例子：为什么氢原子会以恒定流量从原初洞中涌出，从而让太阳可以长时间稳定地燃烧？我们对宇宙的认识更广泛，也自然知道原初洞并不存在。但在我们的世界观中，也面临着无法回答的问题。如果某些自然常数的值稍有不同，宇宙的特性就会发生巨大的变化，以至于我们所理解的生命无法存在。那么，为什么宇宙好像是专为我们的存在而"精心设计"的呢？故事中还提到了"亮物质"，这与我们宇宙中的暗物质和暗能量相对应。最后，故事中还提到了关于原初洞本身的起源问题。对于这个问题，故事中的科学家没有给出解释。他们的观点是，原初洞形成之前没有时间，因此这个问题是无意义的。这与现实中的一些物理学家被问到大爆炸之前的宇宙时的回答类似。

但这并不意味着现实中的宇宙没有发生过大爆炸。相反，我们将在第 2 章中看到，有大量的实验证据证明大爆炸理论的正确性。尽管如此，我们仍然会怀疑，这可能并不是宇宙起源问题的答案。

我们从第 2 章开始讨论物理学当前的世界观。这个世界观是物理学发展至今形成的对现实的理解，基本上没有人会怀疑其正确性。即使在暗星云的故事中，人们也普遍认可原初洞理论成功地解释了许多观察结果。因此，人们也会对任何怀疑予以否定。第 2 章相对较长，因为它大致覆盖了物理学的完整历史。如果想对物理学的世界观提出有效且深入的质疑，你应该熟悉其中的理论。

在第 3 章，我们将首次踏入物理学的边缘，或者说是抵达人类的知识边界。这会让我们接触到一些科学尚不能解释的现象。然而，正如物理家所相信的，这些未能解释的现象可能在不久的将来被现有的理论所解释。

在第 4 章，我们将越过知识的边界，深入未知的领域。对于这些领域，我们只能进行推测。尽管我们的推测基于实验可验证的结果，但它仍然超出了人类的理解能力。这涉及可能存在的更高维度和其他宇宙。古时候，人类坚信只有一颗行星，即地球。当这种观点被证明是错误的之后，人们开始相信只有一颗恒星，即太阳。在发现天空中那些明亮的点也是恒星之后，人们又修正了自己的世界观，并认为只有一个银河系在宇宙中心孤独地转动。然而，这个观点也是错误的，因为宇宙中几乎有无数的星系。目前，我们认为大爆炸只产生了一个宇宙——我们的宇宙。但在未来，这种认识也有可能被推翻。

第 5 章则是本书的末章，这一章讨论的是信息在有生命和无生命的自然界中的作用。到底什么是信息？它是真实存在于物理世界中，还是只存在于人类的思维中？它可以解释什么？有些人将信息而非物质视为一切存在的基础。他们的信条是"万物源自比特"。在这种观点下，我们的世界变成了一台巨大的计算机。这听起来有点儿像是好莱坞编剧的幻想，然而，确实存在一些实验性的发现，它们暗示了信息在无生命的自然界中发挥着基础性作用。

第 2 章

物理学的世界观：什么是宇宙，我们的宇宙是如何形成的

经典物理学课程通常从力学开始，因为后者一般被认为是物理学中最易入门的分支。学生会在六年级^①开始学习牛顿力学，然后学习斜面和单摆。但学完之后，大多数学生可能会在高中选修生物学而非物理学，因为对他们而言，研究大自然的无生命过程太过枯燥乏味。因此，我们可以毫不客气地将这种经典的物理学入门方式视为笨拙的，并在这里采取一种不同的方式。以下是一个思想实验：假设我们对现实拥有绝对的掌控权，并决定创造一个新的宇宙。要做到这一点，我们需要什么？换句话说，根据我们目前的知识，宇宙的组成部分有哪些？总体上来说，宇宙有 5 个组成部分：

---

① 中国学生一般在初中二年级（八年级）开始学习物理学。——编者注

时空、基本粒子、自然力、自然规律和自然常数。我们后续将分别介绍它们。

在经典物理学的概念中，空间是一个空旷的舞台，上面有着以基本粒子形式呈现的小球，它们通过自然力构成的弹簧相互连接。时间由连续不断的快照组成，每个静止画面中的小球都会稍微移动一点儿——就像在经典胶片中一样。相邻画面间通过自然规律相连，后者决定了下一个画面的样子。与电影的区别在于，现实中的画面是三维而不是二维的。这种观点构成了经典物理学的基础，并一直盛行到 1900 年前后。空间是舞台，小球通过自然力所构成的弹簧在其中运动，而时间是由连续不断的静止画面组成的电影。然而，如果这是真的，我们就不会拥有自由意志了，因为只要知道所有原子在任意时刻的坐标和速度，就能精确地计算未来。整个宇宙从诞生以来的历史都将在固定的轨道上发生。这并不符合我们的认知，而且，正如我们今天所知，情况也并非如此。

自然规律和自然常数可以确定宇宙的最终属性。与议会中立法机构的决定或法律在处理问题时的灵活性不同，宇宙中的过程不能违反自然规律。我们可以将其想象成一个剧本，是它规定了时空舞台上的实体应该如何行动。最后，小球的质量可以变化，弹簧的弹性可以变化，电影的播放速率也可以变化，这些细节都由自然常数决定。至此，我们有了时空、基本粒子、自然力、自然规律和自然常数等 5 个组成部分，但还需要再拥有一份说明书，来告诉我们如何构建一个宇宙。为此，我们需要回顾一下过去。我们的宇宙是自然诞生的，宇宙大爆炸理论可以准确地描述这一过程。因此，在接下来的旅途中，也会涉及宇宙诞生的故事。

2.1　时空

在过去，人们认为真空是指一切都不存在的状态。因此，如果我们从一个容器中移除所有原子，就会得到真空。然而，这种想法在 20 世纪出现了多次改变。关于空间和时间的本质，我们的认知经历了 4 次变革。我们就像不知道水是什么的鱼，因为鱼不知道"没有水"的状态。对鱼来说，没有其他鱼类、水母、浮游生物、沙粒和泥土颗粒等一切熟悉的东西时，所处的状态就是"真空"。但对我们这些外部的人来说，那里还有清澈的水。然而，一条特别敏锐的鱼可能会注意到，它的真空有温度和压力。当它快速游动时，也可能会从水的阻力中注意到，这个真空一定存在某种质量。它甚至可能意识到其所处的真空是流动的，因为水会流动。所以，如果这条鱼善于思考，它会想到：真空是如何具有温度、压力、质量和流动性的呢？我们知道水是具有这些属性的物质，所以我们认为自己比鱼更高级。然而，如果我们的真空——所谓"真正的真空"——也具有温度、压力、质量和流动性呢？根据物理学家的最新认识，情况确实如此。然而，就像水中的鱼一样，我们也很难认识到其到底是什么物质。为此,我们需要"没有真空"的体验,但为了获得这种体验,我们就得离开这个宇宙,而这显然是不可能的——因为似乎只有一个宇宙。

事实上,我们的真空不是空无一物的虚无,这违背了常识。在我们熟悉的环境中,常识告诉我们什么是合理的,比如钟表是匀速运转的,地平线是平坦的。它们背后的真相虽然与常识有出入,但对我们的日常生活没有直接影响。

然而,当我们试图越过知识的边界,去探索更深层次的事物时,常识并不能给我们太多帮助,因为我们的思维方式受到经典物理学的影响,而它已经被新的理论所取代。如果我们深入挖掘,会发现日常的感知是一个基于现实的心智模型,这个模型在演化过程中发展了几千年。我们可以想象自己躺在海滩上、在开车或者在攀登一座山。我们甚至能够想象在山顶上感受到的寒冷空气,或者捏一个雪球的感觉。我们的头脑中存在着一个虚拟的现实,它遵循着与日常生活相同的物理规律。在日常生活中,我们可以假设地球是平坦的,因为在我们走路和骑行时,地球的确像一个平面。因此,基于几千年的经验,常识很难接受地球是一个球体的现实。只有当我们离开熟悉的地球,从宇宙中观察它时,才能真正理解这一点。

只有在某些特殊条件下,我们才能意识到空间和时间的性质与经典物理学的假设不同。例如,相对论效应只在物体的速度接近光速时才变得明显,而这便是人类时空观念的首次革命。

假设存在一种新型轨道，火车可以在上面以极高的速度行驶。一节火车头牵引着一节长而平坦的车厢，车厢类似于一个跑道，上面有一个骑自行车的人，他正沿着火车的行驶方向移动（见图 2-1）。正常情况下，从站台上观察，自行车的速度等于其相对于火车的速度再加上火车的速度。因此，骑行者比火车稍微快一些。现在，假设这列火车不断加速，直至接近光速。如果上述规则依然成立，即速度遵循相加的原则，那么骑行者的速度最终将超过光速。然而，在我们的宇宙中，这是不可能的，而且还会发生非常奇怪的事情：从站台上观察，骑行者似乎前进得越来越慢。他的移动像被慢放了一样，直到最终停止。

图 2-1：一个骑自行车的人沿着一节长而平坦的车厢朝着火车行驶的方向移动。从常识来说，如果火车的速度接近光速，这个人的移动速度将比光速还快。但在我们的宇宙中，这是不可能的。从站台上观察，加速的火车中的时间流逝得越来越慢。时间是相对的，对骑自行车的人来说，时间仍然在正常流逝，但宇宙在他的行进方向上的尺度收缩了

在骑行者自己的感知中，他并没有停下来，而是继续骑着自行车，即使火车的速度已经接近光速。但是，当他环顾四周时，会注意到周围的环境变得非常奇怪。在火车行进的方向上，之前遥不可及的星星突然变得非常近——宇宙在他的行进方向上的尺度收缩了。从站台上观察，火车上的时间几乎停滞了。这两个奇怪的现象

分别被称为**长度收缩**和**时间膨胀**。它们的共同出现说明被我们称为"空间"和"时间"的事物之间的密切联系。爱因斯坦将其描述为"四维结构"——空间的长度、宽度和高度是前三个维度，而时间是第四个维度——因为它们都可以被压缩和拉伸。

因此，在我们的宇宙，或者说真空中存在一个最大速度。当物体的运动速度接近这个速度时，空间和时间会发生扭曲。由此可以清楚地看出，空间和时间并非两个不相关的事物，而是以某种方式相互联系在一起。此外，时间不是一个只会刻板运行的节拍器，它的流逝速度取决于我们的运动速度。我们可以将"最大速度的存在"解释为时空对超高速运动的阻力。这表明时空并非只是一个空无一物的舞台。

当航天员乘坐一艘非常快的宇宙飞船前往一个遥远的星系时，他们飞行的速度越快，与目标星系的距离就越短。从地球的角度来看，由于时间膨胀，宇宙飞船上的时间流逝得更慢。航天员只需要几周或几个月就可以到达数光年外的地方。而从航天员的角度来看，由于长度收缩，他们和目标星系之间的距离在变小，星系好像是在主动向他们飞来。当宇宙飞船返回地球时，航天员几乎没有经历时间的流逝。然而，对地球上的人来说，航天员已经离开很多年了，可他们几乎没有衰老。因此，我们可以得出结论：空间和时间的性质与我们原本所认为的有所不同。但这还不是全部。

爱因斯坦通过对"引力到底是什么"这一问题的回答，彻底改变了我们对空间和时间的理解：质量使时空弯曲。在太空中释放一个物体，由于失重，只要确保无外力干扰，它将永远悬浮在原地。但是在地球表面，它会以越来越快的速度朝地球中心下落，直到撞到障碍物，比如地面。但是是什么吸引着下落的物体？是什么让它加速？是我们尚未发现的微小粒子吗？还是无形的力场？爱因斯坦在他的广义相对论中提出了一个想法，即大质量物体附近的空间与空旷的空间不同。可以说，广义相对论进一步暗示了时空是一种四维的"物质"。

在大质量物体附近，空间被压缩，时间变慢，就像处于高速运动时一样（见图 2-2）。有一个日常生活中的例子可以帮助我们理解：当汽车一侧轮子的转动速度比另一侧慢时，汽车的行驶轨迹会弯曲，朝着转动速度较慢的一侧转向。尽管这个例子并不完全准确，但它至少能够说明空间（对应轨迹改变）和时间（对应速度差异）之间的相关性。

图 2-2：在大质量物体（如太阳）附近，时间变慢，空间收缩。如果物体的质量非常大（如黑洞），时间甚至会停止

在太阳或黑洞等大质量物体附近弯曲的光实际上是沿直线传播的，因为光的性质决定了它必须始终沿直线传播——至少这是爱因斯坦的观点。如果光的轨迹出现弯曲，那是因为在这些大质量物体附近的时空被弯曲了。这种表述听起来很奇怪，因为"虚无"怎么能被弯曲呢？但事实确实如此：例如，在一颗由高密度物质构成的中子星的表面存在着巨大的引力。通过先进的望远镜，我们可以证实时间在那里的流逝速度比其他地方慢得多。空间也收缩了，尽管这一点更难以测量。而对处于中子星表面的观察者来说，宇宙中的事件正在以快进的方式发生。

我们没有感知空间和时间的器官，因为作为生物，我们身体中的每个分子、每个变化，我们大脑中的每个电脉冲都嵌入在空间和时间中，是其中的一部分。所以，我们无法将其视为一种实体。但是，借助物理测量仪器，我们发现了越来越多关于时空本质的线索。也许在某个时候，我们甚至会发现一种"无时空"的状态，但这超出了当前物理学的认识。

空间和时间是相互关联的，在数学上必须作为一个四维的整体来处理。与此同时，类似于声音在空气中和水中各自存在一个最大速度，宇宙中也存在一个最大速度——光速。这或许也表明，时空不是一个虚无的存在。对此，科学家还有更强有力的证据：时空具有能量，因此也具有质量。通过实验观察，我们成功证明了这一点。现在只剩下一个问题，即时空之外是否还存在其他实体。但这已经超出了我们的知识范围，探索才刚刚开始。

我们如何建立起时空具有能量和质量的观念呢？想象一个一立方米的空旷空间，光线和其他外部影响都已被屏蔽。根据传统观念，这个空间内什么都没有，也就是说，它既不包含电子、原子核，也不包含光子。因此，这个想象中的地方不该有质量或能量。但这是不正确的，因为量子理论不承认"零"这个数量，至少就特定量子的数量而言。根据时间-能量不确定性原理，在每立方米的空间中，粒子-反粒子对不断产生和湮灭。这种"零点噪声"或"零点振动"无处不在，甚至在一个普通的机械摆钟中也有。

这个结论可能不太容易理解。让我们以一架古老的摆钟为例，如果不给它上发条，它的钟摆最终会停止摆动。对我们来说，它看起来就像完全静止了。为了确保这一点，我们可以将其与外界的一切影响隔离，例如防止受到空气流动或光线的影响。然而，非常精确的测量将显示出钟摆的微小颤动。更准确地说，它仍然在摆动，只是振幅非常小。这就是所谓零点振动。即使钟摆失去了所有能量，它仍然会进行这种振动，哪怕在绝对零度下，也可以测量到这种振动。这是因为物理学中存在着零点能量。这种现象的更深层原因是波粒二象性。即使像钟摆这样被认为由实体粒子构成的物质，也具有波的特性。波动无法完全停止，否则它将不复存在。这种物质的特殊性质也是海森伯不确定性原理的基础，它描述了位置和动量之间的关系。根据这个原理，我们无法同时确定这两个物理量。

这意味着钟摆无法在处于一个精确定义的位置的同时具有一个精确定义的动量。

在我们所处的时空立方体中，光也遵循同样的规律。根据量子理论，真空由各种场构成，比如光场。这意味着，即使在完全黑暗的真空，光也存在着。量子理论指出"零"的存在是不可能的，在这里它指的是光的强度，更准确地说是光子的数量不能为零。因此，时空会微微闪烁，永远不会完全黑暗。

这种闪烁是由第二种不确定性，即时间-能量不确定性造成的。光子可以凭空出现——这不符合能量守恒定律，但也会迅速消失，因为它只存在于借来的能量之中。这种现象在时空中不断发生，无处不在。光子的平均数量在一段时间内不是零，而是一个非常小的正值，这个结论也适用于其他类型的粒子。例如，根据时间-能量不确定性，电子可能会在某个时刻自发产生，那么由于角动量守恒和电荷守恒，同时也必须产生它的反粒子，即正电子。因此，在虚无中，粒子-反粒子对不断地短暂产生。一个被认为是真空的空间中的电子数量不是零，而是在一个大于零的值上不断波动。这种波动被称为**真空涨落**。

电子和光子等粒子也可以被看作时空的激发态。它们就像水面上的旋涡，打破了原本的平静。如果有一台极其精确、具有惊人分辨率的显微镜，那么通过它就能看出时空就像是汹涌的海面，尽管对我们来说——在宏观角度——它看起来没有任何变化。

这意味着这个空无一物的空间实际上拥有能量。根据爱因斯坦的质能方程 $E=mc^2$，能量与质量之间存在一种等价关系，因此空间也具有质量。我们现在就像鱼儿一样，发现自己生活的水是一种"物质"。然而，我们很难直接检测到真空涨落，它通常以间接的方式出现在解释不同现象的物理理论中。例如，受激原子发射光，这个效应可以通过钠蒸气灯来很好地说明，这种灯被应用在许多城市的街道上。根据量子力学，受激钠原子就像被拉紧的弹簧，但它们一开始处在"紧绷"的状态，只有当它们受到干扰时，才能回到基态，并发射出一个光子。就像捕鼠器只有在被触碰时才会弹起。在钠原子被激发的情况下，这些干扰就是真空涨落。在短暂的瞬间，存在着一个电场，它刺激钠原子回到基态，并以光的形式释放能量。

到目前为止，还存在一种尚未得到证实的真空涨落效应——霍金辐射。斯蒂芬·霍金预言，黑洞会出人意料地发射电磁辐射，尽管其内部的时间几近停滞。如果不发射任何物质，它们应该永远存在。但这似乎不正确。在黑洞表面，时间的流逝虽然大大减慢，但并没有完全停止。在那里，粒子-反粒子对不断产生并在它们短暂的存在期间飞行一小段距离。如果其中一个粒子朝黑洞飞去，它将被黑洞吞噬。留在外部的对应粒子将失去相互湮灭的伙伴，也就无法再消失了。因为在这里——物质和反物质的湮灭中——角动量守恒和电荷守恒定律仍然适用。因此，被留下的粒子将变成一种"实在"。这就是为什么根据霍金的理论，黑洞会发射非常微弱的电磁辐射。实际上，这也是真空涨落的一个结果。然而，迄今为止还没有实验完全证实他的预言。

另一个可以很好地用真空涨落假设来解释的现象是**卡西米尔效应**。事实上，真空会对物体施加压力，这个压力从各个方向作用于空间中的物体。在日常生活中，我们察觉不到这一点，就像鱼儿不会察觉到周围水的压力一样。但在卡西米尔实验中，这一点是可以被证明的。在该实验中，两块金属板被紧密地相对放置，以至于它们之间只有一个很窄的缝隙。在这个狭窄的缝隙内，真空涨落不那么剧烈，这导致缝隙内部的压力小于外部环境的压力，两块金属板从而被压在一起。在纳米级别的距离下，这个力非常强大，对应的压强甚至能达到约 100 千帕。产生这种力的物理解释非常复杂，但通过观察卡西米尔效应，我们能将压力作为真空特性的一部分纳入考虑范围（见图 2-3）。

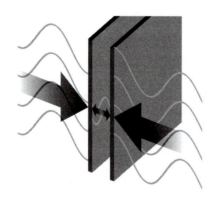

图 2-3：卡西米尔效应是指两块紧密相邻的金属板由于真空涨落（波动）而被压在一起。由于量子效应，两块板之间的真空涨落较弱。因此，缝隙内部产生的压力（双箭头）比外部环境的压力（大箭头）要小

　　最后，宇宙中似乎还存在一种特殊的流动现象。例如，旋转黑洞周围的时空也会被卷入旋转状态。在英语中，这种效应被称为**参考系拖曳**，即物体的旋转会拖动周围的参考系或时空本身。然而，与水不同的是，时空只有在非常高的能量和非常强的引力场下才能受到明显的影响。这就是为什么这些现象不会出现在我们的日常环境中，而仅在质量非常大的旋转物体附近才会出现。

　　因此，空间和时间的性质与我们过去所认为的完全不同。特别是，时空具有实在性，即它是一种物质。但它到底是什么样的物质，目前还是一个谜。有一些推测性理论试图通过新的方法来解释已知的现象，例如弦理论。它将时空描述为一种由难以想象的微小纤维，也就是弦构成的结构。粒子和场源自这些弦的振动。弦理论试图统一四种自然力，因为目前的引力理论与成功解释其他三种自然力（强力、弱力和电磁力）的量子理论格格不入。尽管现代物理学的这两大理论体系都声称自己具有无限的适用性，但它们实际上并不相容。这也许是这门学科最棘手的问题。

　　弦理论是一种尝试解决该问题的理论，其特别之处在于假设存在额外的空间维度，它的一些分支涉及十一维甚至更高的维度。然而，该理论所假设的弦实际上非常微小，以至于无法被任何可行的实验验证。

　　然而，弦理论展示了理论物理学家在理解现实方面的巨大努力。至于它是否符合现实，我们不得而知。由于缺乏实验证据，弦理论目前已不再流行。与此同时，我们也无法证伪它，而这或许意味着它可能确实包含一些真理。

弦理论的继任者是圈量子引力理论，后者将时空视为由仅数学上可把握的线条和节点构成的网。它也是试图将引力理论和量子理论结合在一起的一种尝试。这种相对较新的理论认为只存在三个空间维度和一个时间维度，这是它与弦理论的首要区别。此外，它还假设在常规物理学中被描述为连续体的时空实际上是量子化的。空间和时间就像平面显示器上的像素一样，共同构成了我们日常感知的世界。

我们无法直接用实验来验证这两个理论，因为无论是弦理论中的弦，还是圈量子引力理论中的线条和节点，其尺寸都远远小于 10^{-34} 米。关于时间的量子化，则意味着做出类似于电影胶片的一系列瞬间快照，每张快照预计在 10^{-43} 秒的间隔内生成。然而，我们目前在实验中能够测量到的最短时间间隔约为 10^{-18} 秒。因此，我们的观测速度还远远不够快，以至于无法追踪这种现象。最佳的空间分辨率——约 10^{-20} 米——是通过巨大的粒子加速器在散射实验中实现的，但这仍然太粗糙，无法发现空间的"像素"。不过，这并不意味着圈量子引力理论是错误的，只是说想要在当前的技术水平下验证这个理论，同想用 19 世纪的技术发现夸克一样困难。而且这个理论仍在发展中，也许它在未来能做出可被实验验证的预言。

我们已经展示了时空具有能量和质量的性质，它可以被拉伸和压缩，存在着压力和流动性。我们甚至可以将温度与时空联系起来，因为整个时空都被宇宙微波背景辐射所填充。这是宇宙大爆炸的余晖，具有 2.725 开尔文（约-270.4 摄氏度）的温度。因此，时空的温度接近绝对零度。我们可以确定时空是一种实实在在的物质，但我们并不知道它的本质是什么，或者除了它是否还存在其他物质。至此，我们可以结束本节，并把注意力转向舞台上的演员——粒子。然而，还有一个未解决的问题：在四维时空中，时间与三维空间相比显得非常特殊。

大约 1000 年前，人类制造出了第一批机械钟表，并通过它们测量时间。当时，时间具有宗教属性，因此人们将这些钟表安装在教堂的钟楼上，以使地球上的神圣秩序可见。太阳、月亮、行星和恒星按照严格的时间表沿着轨道周期性地运动。钟表是这些天体运行的映像，是宇宙秩序的证明。在这种观念中，时间控制着一切进程。那么，时间是一种类似于行程表的东西吗？

对生物来说，从出生到死亡，时间是连续不断的，就像河水从源头流向河口。动物对时间的感知相对人类来说更有限，它们主要活在当下。它们对过去的记忆模糊不清，只能关注眼前和即将发生的事情。人类能感知到更长的时间跨度：记得过去，而且可以通过想象展望未来。这使人类能够制订复杂的计划来指导自己的行动。然而，与宇宙中的时间相比，这个"更长的时间跨度"可能只有几十年，仍然非常短暂。对宇宙来说，100 年只是一瞬间。我们在一条雾气弥漫的河流上航行，但科学可以在一定程度上拨开迷雾。通过科学，我们看到了冰河时期的气候循环、形成巨大岩石的地壳运动以及恒星的诞生。借助科学，我们对太阳系的形成有了一定的了解，也知道了地球的终结——被垂死的太阳吞噬。巨大的时间跨度展现在我们面前。但时间究竟是什么？这个问题仍然没有答案。

有一种方法可以回答关于时间本质的问题，那就是声称时间只是一种幻觉。这种理论的支持者认为，现实只是一个静止的四维块状物，而生命线是一条贯穿其中的长管道。过去、现在和未来的每个时间点都同时存在。这意味着已经发生和即将发生的一切都在此刻的某个地方真实存在，只是沿着生命线前行的我们无法触及这些部分。自由意志不复存在，因为未来已经注定。甚至有人已经进行了一些实验，好像证实了这一"时间块"假说。一种论证基于狭义相对论：两个事件从某个参考系（如地球）看是同时发生的，但如果把视角换到一个运动的参考系，例如速度极快的火箭，两个事件之间就会出现时间差。这并不稀奇，也是已经被写入教科书的物理学的一部分。"时间块"假说的支持者认为，只有在未来已经确定的情况下，才有可能出现这种顺序的变化。他们的论证听起来几乎是正确的，但也只是几乎正确而已，因为这种"相对同时"并不能证明时间不存在。在这个理论所能描述的任何情况下，因果关系仍然存在。无论是从地球还是火箭的视角来看，未来始终是过去的结果。基于相对论，我们无法构建出支持"时间块"的论据。在下文中，我们假设只有"现在"是存在的，时间是真实的。然而，即使如此，我们仍然不知道时间是什么样的存在。

根据爱因斯坦的理论，时间是相对的。在快速运动的系统和大质量的物体附近，时间流逝得更慢。这是否意味着没有普遍适用的时间呢？是否每个地方的时钟走时都不一样，因此意味着每个智慧生命对宇宙的年龄都有不同的看法？答案是否定的——普遍适用的时间和绝对的宇宙年龄是存在的，因为宇宙中 99% 的物质以相对较低的速度运动，并且不处于大质量的物体附近。例如，太阳系以约 250 千米 / 秒的速度绕银河系中心运行，但与约 30 万千米 / 秒的光速相比，仍然很慢。总体而言，天体都嵌入在自大爆炸以来不断膨胀的空间中。相对时空结构来说，星系和其中的所有物体都只是以相对较低的速度移动。因此，除了一些特殊情况，时间在几乎所有地方都以相同的速度流逝。

根据宇宙大爆炸理论，从宇宙诞生的那一刻起，宇宙空间中的每一点几乎都已经过去了 138 亿年。这实际上等同于说存在绝对的时间。不过，这个说法只有在所有事物都不相对运动时才成立。最简单的情况是，当宇宙空间中的每一点都被定义为具有零速度，那么相对于时空结构而言，它将处于静止状态。这是可能的。虽然宇宙没有中心，但相对整个时空结构来说，存在着绝对的静止状态。用于测量的参考系是宇宙微波背景辐射，即宇宙大爆炸的余晖。这种辐射均匀地填充整个宇宙，并从各个方向穿过宇宙空间中的每个点。它具有特定的频率分布，完全符合普朗克黑体辐射定律。重要的是，这种辐射可以用温度计量。在这种情况下，它的温度约为 2.7 开尔文。由于宇宙微波背景辐射无处不在，因此它的温度与整个宇宙的温度一致。

如果观察者相对某个信号移动，就会出现所谓**多普勒效应**。这种现象在日常生活中很常见，例如，一辆鸣笛的汽车在高速驶离你时，你会感觉到它的声调急剧下降。一般来说，声调或者说声音的频率会随着观察者接近或远离声源而升高或降低。宇宙微波背景辐射也是如此。对于宇宙中的运动物体，当从正对其运动的方向观测时，可测得其辐射的波长更短，即温度更高。通过测量其温度，我们可以确定一个物体是否在相对宇宙微波背景辐射移动。当然，我们还会遇到从所有方向测得的温度都相同的情况。这适用于观测到的宇宙的大部分区域：自宇宙大爆炸以来，这部分区域中的点所经历的时间都是相同的。

在宇宙的任何地方，我们都可以定义一个绝对时间。只有在大质量的物体附近，绝对时间才会走得更慢。在那里，宇宙大爆炸仿佛还没有过去多久。在极高速度或强引力场附近的特殊情况下，时间好像变形了（见图 2-4）。但这只是相对论效应。无论是宇宙飞船还是中子星，时间总是以正常的速度流逝，因为它们都遵循相同的自然规律。这就是相对论的意思：它取决于从哪里观察。所以，以光速旅行并返回的航天员几乎不会变老，类似的情况也适用于中子星上的航天员，但人体无法承受如此强大的引力场。

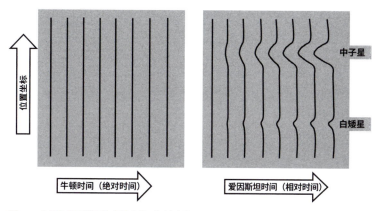

图 2-4：牛顿和爱因斯坦的理论中的时间流逝情况。在经典物理学中，时间或者说牛顿时间是一个频率固定的节拍器，它始终以相同的速度流逝。在爱因斯坦的理论中，时间是相对的。在高速运动或存在强大引力场的地方，时间流逝较慢。这意味着在中子星和白矮星附近，时间是滞后的。除此之外，还存在一个普遍适用于整个宇宙的时间。因此，宇宙微波背景辐射从任何方向看都是绝对均匀的。

根据宇宙学的标准模型，时间始于宇宙大爆炸。在此之前，什么都不存在。这个时期持续了无穷久远，因为每个时刻都与其他时刻完全相同。空无一物的前宇宙的所有瞬间看起来都一样，我们无法将它们按顺序排列——如果有顺序的话。这种论点的基础是将时间定义为一连串可测量的变化。如果没有变化发生，那么时间就是静止的。因此，从这个角度来看，宇宙大爆炸前的空无宇宙中没有时间。没有变化就是永恒。

自大爆炸以来，宇宙一直在不断变化。通过测量我们可及的空间的大小等方式，可以确定每个时刻对应的时间。这使整个宇宙就像一个巨大的时钟，其指针就是宇宙空间的直径。根据目前的知识，宇宙将继续膨胀，进而越来越黑暗、越来越寒冷，直到恒星全部熄灭。这是一个缓慢的死亡过程，直到所有的运动停止。然而，宇宙的膨胀将继续进行，因此即使没有其他事情发生，时间也永远不会停止。这种状态可能看起来像永恒，但从物理学的角度来看，只有当没有可测量的变化发生时，才能达到这种状态。

因此，时间的物理定义可以基于其流逝的可测量性：如果不能将一个系统的不同瞬间按时间顺序排列，那么时间就是静止的。这一点乍一看很有道理，但它还有一个更深层次的内涵。让我们以一个孤立飘浮在空间中的原子为例。电子在围绕原子核的轨道上旋转。尽管显然有事情在发生，但时间并没有流逝，因为在两个不同的瞬时状态中——即使它们看起来不同——也无法确定哪个是先出现的，哪个是后出现的。它们无法按时间顺序排列。电子甚至可以反向运动，而原子仍然是之前那个原子。行星轨道也是类似的情况。在某个瞬时状态下，我们无法确定它们是在今天还是在几百年前抵达这一状态的——至少就它们的位置而言。当然，它们地表上的时间是流逝的。然而，若只考虑行星的位置，当时间逆向流逝时，行星轨道几乎没有任何变化。就支配太阳系动力学的基本自然规律而言，它们是"时间反演不变"的，既可以向前进行，也可以向后进行。这适用于物理学中的大多数自然规律。从诗意的角度来说，我们可以将它们称为"永恒的自然规律"。与之相反的是，包括人类在内的生物则需要时间有个明确的方向。

这样一来，我们离"时间到底是什么"的答案更近了一些，因为现在有了一个否定的定义：在一个没有时间的永恒状态中，要么什么都不发生，要么某些事情一直重复。在这两种情况下，我们无法区分时间是向前还是向后流逝。那么，从我们熟悉的意义上讲，时间又是什么呢？

物理学家提供的一个答案是：对我们来说，时间只存在于由许多微小粒子组成的系统中，因为那里发生的现象不是时间反演不变的，即只能在时间向前流逝时发生。举个例子，想象一个充满气体的容器。当我们在真空室中打开容器的阀门时，气体会流出并在空间中扩散。但是，气体不会自动回流到容器中。这并不是因为气体的能量或其他隐藏的物理特性，而是纯粹的概率问题。假设只有一个原子，在阀门打开的情况下，它在容器和真空室之间随机移动。假设容器的体积只有真空室的 1%，那么，这个原子在容器中被发现的概率只有 1%。也就是说，在 100 次观察中，有 99 次会在真空室中发现这个原子。如果有 2 个原子，它们再次回到容器中的概率只有 1/10000。而如果有 10 个原子，它们都再次回到容器中的概率则是 $1/10^9$，就像用 10 颗有 100 面的骰子掷出相同的数字一样。这个概率，或者更确切地说是可能性，极速降低。

然而，容器与时间有什么关系呢？这是个好问题，我们很快就会明白这两者间的联系。在宇宙中，一切都趋向于更有可能发生的状态。当一群原子在真空室中随机运动时，它们自发地重新聚集在容器中的可能性微乎其微。只有使用压缩机，即通过消耗能量的方式，才能将它们抽回到容器中。如果不进行干涉，自发发生的过程只会朝一个方向进行：气体会扩散到整个可用的空间中。这个过程在没有能量输入的情况下无法逆转，因此时间的方向是明确的。

这只是教科书上的一个例子，用来解释"熵"的概念。熵是衡量宇宙无序程度的指标。根据相关的自然规律，这种无序程度最低只能保持不变，但通常会增加。任何事物都在朝着更加无序的方向发展。这种说明性的解释很容易被误解。实际上，它并不是单纯关于无序的问题，而是关于更有可能发生的状态。我们已经看到了这一点：原子均匀地分布在一个空间内是非常有可能的，而自发地聚集在一个小容器中则是不可能的。这是在假设它们彼此独立和纯随机运动的情况下。因此，熵就像一种概率，它的作用是使系统向更有可能的状态发展。反过来，这也意味着由许多粒子组成的系统（例如刚才说的气体）在自发的情况下（没有能量输入的情况下）不会呈现出不太可能的状态。这就好像期望将数十亿颗骰子全部掷出相同的点数一样不现实。

根据前面提到的自然规律，熵在宇宙中要么保持不变，要么不断增加。换句话说，一个孤立系统会朝着越来越可能（更无序）的状态发展。而"掷出相同点数的骰子"是一种有序的状态，因此是不太可能发生的。从这个意义上讲，熵实际上是一种反映无序程度的度量。这个自然规律是少数几个赋予时间方向性的规律之一。如果相应的过程是时间反演不变的话，时间将停止，就像前面所描述的那样。对时间本质的一个可能回答是，一个由许多粒子构成的系统朝着更可能的、通常是更无序的状态发展。这适用于整个宇宙，除了一些局部的例外情况，其中包括生命，它的存在需要近乎梦幻般的秩序。

生物系统是高度复杂的，从物理学的角度来看，它们的形成似乎是完全不可能的。为了使细胞中的蛋白质能够发挥功能，几乎每个原子都必须处于正确的位置。如果不是这样，生物体将死亡或根本无法形成。但是，生命是如何在三四十亿年前的地球上自发产生的呢？答案在于能量和熵的耦合。前面提到，通过使用压缩机，我们可以将气体再次抽回到容器中。总的来说，局部系统的熵可以通过使用能量来降低。在地球上，太阳光扮演了这个角色：数十亿年来，它向我们的星球持续输送能量，其中的一小部分局部逆转了自然界中的熵，使其不再增加。于是生命诞生了。每个生物系统的代谢过程都意味着能量的消耗。然而，我们至今仍然不清楚生命是如何诞生的。尽管它不违反已知的自然规律，但其起源仍然是科学上的具有挑战性的问题。我们还没有完全理解它的起因和过程，但会在第 5 章再次讨论这个问题。

时间可以被视为熵的增加。我们的身体也在不断消耗能量来抵消这一过程。熵的增加意味着死亡。此外，我们还知道第二个自然规律，它赋予了时间方向性。这个规律可能更基本，但并不容易理解：量子力学中的波函数坍缩。我们已经来到了知识的边界，有关这个奇特的量子世界的现象将在后续章节中讨论。

小结：时空

要构建一个宇宙，首先需要一个空的舞台，即时空。它显然是一种物质，因为它有质量、压力、温度和流动性。它的特点是具有奇怪的弹性：在高速或大质量物体的影响下，时空会发生扭曲变形，时间会变慢，尺度会缩短。第四个维度仍然是个谜。只有少数自然规律赋予了时间方向性，其中最重要的是熵的不断增加：宇宙朝着"更可能发生"的状态演化。生物只能通过持续的能量输入来保持必要的秩序以维持生存。最可能发生的状态是死亡，即所有过程的终结。在物理学的世界观中，生命的出现似乎并不是预先设定好的。或者……是吗？让我们把这个问题留在脑海中，现在需要演员来登上这个舞台。

2.2　基本粒子

自古以来，人们一直想知道：世界是由什么构成的？在早期文明的观念中，物质是由神灵创造的，一草一木中都居住着影响人类命运的神灵。现代自然科学与古老文明的想象世界之间的重要区别在于感知的主观性，受个人信仰的影响，每个人从周围环境中的物体感知到的东西是不同的。要认识到物质世界是独立于观察者之外的现实，需要人类迈出相当大的一步。在现代社会中，每个人所见皆同，石头就是石头、树就是树、桌子就是桌子，外部世界的客观性构成了自然科学的基础。即使在今天，仍存在一些基于认识论的哲学方法认为客观的外部世界是不存在的，它只是我们精神上的幻觉。但是，只有当我们接受一个事实——我们生活在一个独立于躯体和内心活动而存在的环境中——自然科学才能发挥作用。尽管在本书结尾我们对这一观点仍然存疑，也必须以此为出发点，因为只有这样才能得出有意义的结论。

那么，回到"物质是由什么构成的"这个问题上来，一些最古老的解决方法可以追溯到古希腊。在那时，人们也像现在一样努力将外部世界的各种物体简化为少数几种，或者尽可能地简化为单一的原始物质。即使在今天，这一过程仍在继续。根据当前物理学家的研究成果可知，所有物质都只由 3 种基本粒子构成，这 3 种基本粒子就是能量的表现形式。

最初的方法并不那么抽象：约公元前 600 年，来自米利都的泰勒斯提出理论，认为一切——包括像石头这样的固体、空气这样的气体以及人类世界之外的宇宙——都是由水构成的。阿那克西美尼则认为气体是万物之源。后来，以弗所的赫拉克利特在某种意义上更接近真理，他宣称万物起源于火。在火是一种能量形式的前提下，这一理论与当下的概念惊人地吻合。不过，这很可能是一种巧合，因为赫拉克利特可能并不了解这种对等性。

约公元前 450 年，恩培多克勒又有所发现，他认为，火、土、水和空气这 4 大元素是永恒不变的基本元素。这一观点持续了近2000 年，贯穿了整个古希腊时期和中世纪。柏拉图将"柏拉图实体"，即四面体、立方体、八面体和二十面体与 4 种基本元素相关联。即使在当时，人们也在努力寻找大自然各种表现形式的对称性。在现代量子力学、粒子物理学的标准模型和天体物理学的标准模型中，科学家也同样尝试着探索世界的模式和对称性。事实上，他们在这方面做得相当成功。把 4 种柏拉图实体归属于 4 种基本元素在今天看来可能相当奇怪，但当代理论物理学家实际上也是以此为基础，在更高的层次上对自然有了更多的了解。我们的世界似乎的确建立在对称的基础上，因为自然科学可以根据这些对称性做出预测并在实验中加以验证，而不仅是凭借我们的想象力或思维方式。然而，这已经与柏拉图实体和 4 种基本元素无关了——这些古老的观念是完全错误的。

又过了一段时间，留基伯和德谟克利特开始思考：像水这样的物质是不是一种"连续体"？这是因为，如果深入研究它的结构，不会找到任何特定类型的组成部分，而只会发现更多相同的物质。这种观点基本是准确的，因为只有在最小分辨极限是一微米的显微镜下，才能看到水是由 H_2O 分子构成的。尽管如此，这两位早期的哲学家还是认为，物质中一定存在着无法再分割的微小结构，原子和分子的概念由此诞生。2000 多年后，人们通过实验证实了这一假设。要通过实验来探索自然，而不仅仅是通过思考。没有科学实验，我们就不可能发现现实的新领域。

每种化学元素都由相同的原子构成。正因如此，它们才有别于由不同成分构成的化合物。例如，水是氢和氧的化合物。铅、铁、金、碳、铜、汞、硫、银、锌和锡这些化学元素在古代就已经广为人知了。当然，那时的人们还不知道如何区分今天已知的 80 种稳定化学元素以及它们可以形成的大量化合物。硫晶体和石英晶体的外部形状可能相同，但它们是完全不同的物质。前者只由一种原子构成，而后者则由两种化学元素构成，即硅和氧。

在中世纪时期，人们在采矿时发现了与已知金属性质不同的新金属，其中一些金属，如钴、镍和钨，是以山神的名字命名的。1650~1870 年间，人们又发现了许多化学元素，但没有探究其更深层次的性质，不过至少从这时起，大多数元素被人们发现并命名。

当时的研究人员长期困惑于如何对物质的多样性进行分类，直到在 1808 年取得了重大突破。路易·普鲁斯特和约翰·道尔顿分别独立发现，原子以特定的整数比例结合才能形成分子，即倍比定律。由此，他们将自然界的物质分为基本物质及其化合物。倍比定律的基础是假设存在最小的单位——原子，化合物由原子以固定比例结合在一起的分子构成。例如，两个氢原子 H 和一个氧原子 O

构成水分子 H_2O。反之，这意味着当水被分解时，产生的氢气的量是氧气的两倍，学校里做的电解实验能很容易证明这一点。

接下来要做的是对元素进行分类。德米特里·门捷列夫和洛塔尔·迈耶在不知道原子是由什么构成的情况下，于 1869 年将它们进行了系统分类，起决定性作用的是它们各自的质量和化学性质的相似性。例如，碱金属原子具有高反应性，而惰性气体不会形成化合物。两位研究人员创建了一种表格，将同类原子中最轻的那个置于竖列顶端。就这样，他们仅凭对原子结构的零星了解，就设计出了元素周期表，该表至今仍被应用于物理学和化学领域。

到这里，本章关于时空舞台上的登场人物的介绍可以结束了。化学元素是构成行星、恒星和星系的组成部分，但这个结果还不能令人满意。首先，时空舞台上还有其他演员，仅靠元素周期表已经不能满足人们的求知欲。其次，还存在一些未解之谜：为什么有 80 种稳定元素呢？为什么它们如此不同但又有相似之处呢？原子会不会是由更基本的组成部分构成的呢？

我们努力用简单的自然规律去解释自然，而元素周期表（见图 2-5）实际上是一种倒退。两千多年来，人们一直认为万物只由 4 种基本元素构成，现在却变成了几十种。科学家对存在如此大量的基本组分并不满意，他们想知道为什么会有这么多的元素，它们的不同性质又从何而来。原子是由什么构成的？元素周期表中有原子序数，每个自然数对应一种元素，数字越大，原子越重。这又意味着什么？

1 氢							2 氦
3 锂	4 铍	5 硼	6 碳	7 氮	8 氧	9 氟	10 氖
11 钠	12 镁	13 铝	14 硅	15 磷	16 硫	17 氯	18 氩
19 钾	20 钙	31 镓	32 锗	33 砷	34 硒	35 溴	36 氪
37 铷	38 锶	49 铟	50 锡	51 锑	52 碲	53 碘	54 氙
55 铯	56 钡	81 铊	82 铅	83 铋	84 钋	85 砹	86 氡

图 2-5：简化版元素周期表。原子序数为 43（未列出）、84、85 和 86 的原子具有放射性，除此之外，我们周围的一切，包括我们自己，几乎都是由其余元素及其形成的化合物构成的

　　20 世纪初，欧内斯特·卢瑟福进行了一项实验，堪称自然科学的里程碑——他用镭的放射性衰变产生的 α 粒子轰击金箔。实验的关键在于这些易于探测的粒子能否穿透金箔。令人惊讶的是，绝大多数 α 粒子直接穿了过去。这是否意味着金原子内部基本上是空的呢？这是因为，只有这样才能解释 α 粒子几乎不受阻碍地穿过金箔这一事实。而少数粒子的轨道发生了偏转，所以它们应该是与大质量的物体发生了碰撞。由于偏离轨道的粒子数量如此之少，因此显而易见的是，障碍物很重，但也很小。正如我们今天所知，原子的全部质量几乎都集中在其微小的原子核中。追溯过去，这就是为什么卢瑟福实验如此重要——它为现代原子结构概念的发展提供了动力。

　　根据目前的观点，一个原子由一个微小的原子核（和核外电子）构成，而原子核又由质子和中子构成。质子和中子的质量大致

相等，构成了原子核的主要质量。质子带正电，而中子不带电。在原子核周围，带单个负电荷的电子在轨道上运动。虽然是不准确的①，但可以把这个轨道想象成行星轨道。这里的"单个"是指每个粒子都带有一个单位的基本电荷，总电荷只以这个单位的倍数出现。原子通常是中性的，这意味着，如果原子核由许多携带单个正电荷的质子构成，那么在其周围一定有相同数量的携带单个负电荷的电子（见图 2-6）。

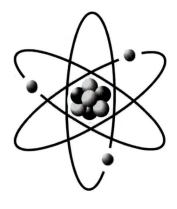

图 2-6：根据极其精简的概念可知，原子相当于一个小型太阳系，原子核位于中间，电子围绕原子核运行，原子核由质子和中子构成。要使原子保持电中性，它必须带有相同数量的带正电的质子和带负电的电子。对质量较轻的元素来说，中子数与质子数大致相同（图中三种粒子的数量并未画得相同）。原子核中的这两种粒子比其周围的电子重得多，因此它们决定了原子的质量

质子数和中子数一同决定了原子质量，这两种粒子在数量上通常也保持一致。例如，氧的原子序数为 8，因此该元素的原子核中有 8 个质子和 8 个中子，原子质量相应为 16。不过，在某些元素中，中子数与质子数略有不同。这些被称为同位素的元素具有不同的原子量，这将在后面的章节中介绍。

---

① 量子力学指出，原子内的电子并不会处于某种特定的轨道。——编者注

探索并未结束，我们在接下来的章节里得出的结论，充其量也只是暂时的，因为我们怎么知道现在的观念不会再扩展呢？我们过去一直在稳步学习，未来也将如此，但本章仍停留在目前的知识所提供的内容上。

"时空舞台上的演员是谁"这一问题的最终答案是基本粒子。基本粒子并不像人们最初假设的那样，是直径可测量的小球，因为这样就会引出另一个问题，即它们是由什么物质构成的。如今的说法是，基本粒子是点状的，它们的直径无法被测量。

我们所知的电子就符合以上论断。所有测量电子大小的尝试基本一无所获，充其量只能得到其直径的近似值，因为这种实验永远不可能得到完全精确的结果。例如，两个高能量的电子射向对方时，由于这两个电子都带负电，因此它们会相互排斥，自然也就不会碰到，只是相互靠近，然后又飞散开来。根据经典观点，随着能量的增加，它们最终会克服排斥力发生碰撞，并产生可测量的结果。人们在尽可能高的能量下进行了这些实验——两个电子越靠越近，但从未碰到。在碰撞实验中可以计算出两个粒子之间的最小距离，而它们的直径显然小于这个距离，最终结论是它们的直径小到无法测量。如今，人们认为电子的直径为零，它就是负点电荷。

质子和中子既有可测量的直径，也存在内部结构，因为它们由3个相互耦合的基本粒子，即夸克构成。与卢瑟福的实验类似，研究人员用粒子轰击质子和中子，以了解它们的内部结构。然而，夸克最初并不是在这种散射实验中被发现的，而是纯粹从理论中发展出来的，即用于解释粒子物理学长期以来发现的大量粒子。在发现质子、中子和电子之后，研究人员开始系统地寻找其他粒子，并发现了数百种——可以说是一个名副其实的粒子动物园。它们的数量甚至可能是无限的。然而，所有这些新发现的粒子都会迅速衰变成越来越轻的变体，最后成为为数不多的稳定粒子中的一种或几种。就像在元素周期表中一样，这些粒子被编目，因为人们试图建立一种系统的分类法。这样，所有重子（由夸克组成的粒子）就可以归结为 6 种夸克。这 6 种夸克中只有两种是稳定的，它们构成了质子和中子。目前来看，包括我们生物在内的"万物是由什么构成的"这个问题的答案暂时是：上夸克、下夸克和电子。

根据普遍被接受的观点，夸克是所有重子的基本组成部分，而构成原子核的质子和中子也属于重子。在此我们抛开了常识，因为理论上，下夸克带有 $1/3e$ 的负电荷，上夸克带有 $2/3e$ 的正电荷，但在任何曾经进行过的实验中都没有检测到这样的分数电荷。电荷在自然界中只能以基本电荷"$+e$"或"$-e$"的倍数存在，其中，e 代表 1.602×10^{-19} 库仑的常数。"色荷"这个新的量子数也是如此，没有实验能直接证明它的存在，但它必须作为夸克模型的补丁被引入，以遵循更高层次的自然规律，即泡利不相容原理。实粒子（包括夸克）是占据空间的，用量子理论来表达，这意味着两个这样的粒子必须在至少一个量子数上有所不同。而夸克虽然是实粒子，但在某些情况下没有遵守这一点，因此，必须引入一个额外的量子数，即色荷，以确保量子数的不同。这样，夸克就遵循了泡利不相容原理。由于泡利不相容原理被认为是基本原理，因此与这一原理相悖的其他理论是不被承认的。我们稍后还会再讨论这个问题。

目前还没有直接的实验证据能证明夸克的存在，它们从未被单独观测到过。对此，理论物理学给出了一种解释，叫作**禁闭**（Confinement）。该理论认为，由于夸克之间的强结合力，要从一个组合体（比如质子）中分离出一个夸克需要如此多的能量，以至于在分开的瞬间会成对产生新的夸克。在此类实验中，夸克之间的微小空间里充满了巨大的能量，以至于自发产生了大量的夸克-反夸克对。这些新的夸克会立即相互结合，或者与已有的夸克结合——介子就是这样产生的。最终的结果是，任何试图分离出单个夸克的尝试都会以产生无数更奇特的粒子而告终。

尽管没有夸克存在的直接实验证据，并且在那之前我们必须将它们解释为拯救粒子物理学标准模型的一个补丁，但一些研究结果强烈暗示了它们的存在。即使夸克不能独立存在，至少重子确实是由它们构成的。也许它们甚至不是真正的粒子，而是别的、我们未知的事物。夸克存在的最有说服力的证据之一是 4 种 Δ 重子，即以 Δ^{++}、Δ^{+}、Δ^{0} 和 Δ^{-} 表示的 4 种重子。不管它们是什么，它们与质子和中子一样，由 3 个夸克构成。它们的性质几乎相同，但电荷数不同，分别为 +2、+1、0 和 −1。这正好对应了由上夸克（u）和下夸克（d）的 4 种可能的三元组组合所对应的电荷，即 uuu、uud、udd、ddd。uuu 粒子的总电荷数为 +2，ddd 粒子的总电荷数为 −1，实验观测也能证明这一点。

我们假设夸克确实存在，但由于禁闭，它们无法被实验证实。现在，除了夸克，还存在一种更神秘的粒子：中微子，也被称为"幽灵粒子"。它们不带电，几乎没有质量，有角动量。一位著名的物理学家曾试着向他的学生介绍中微子。他让学生想象一个旋转的杯子，然后杯子消失了，只剩下旋转——中微子就是这样的存在。因此，中微子可以说是在恒星内部的核聚变过程中产生的、无实体的旋转。在地球上，我们不断受到来自太阳的中微子流的影响。但是，由于这些粒子几乎不与普通物质相互作用，因此它们可以畅通无阻地穿过人类和整个地球。与夸克不同的是，中微子可以被直接探测到。一个令人印象深刻的例子是超新星 1987A 的爆发。

在这样的超新星爆发中，恒星内部在其生命末期坍缩，留下一个黑洞或中子星。在此过程中会产生一个中微子脉冲，它以接近光速的速度向各个方向传播。超新星会产生极亮的闪光，在一段时间内，它的亮度不亚于整个星系。超新星 1987A 在距离地球约 16 万光年外爆发，尽管遥远，但地球上的探测器几乎可以在探测到闪光的同时探测到中微子脉冲。这次探测一方面证实了超新星形成的理论，另一方面也证实了我们对这些幽灵粒子的认识。

对"万物是由什么构成的"这一问题的探究经历了漫长的发展过程，下面再回顾一下历史上的重要阶段：

- 万物由单一的原始物质构成，即水、空气或火（约公元前 500 年）；
- 万物由土、水、空气和火 4 种物质构成（约公元前 500 年至约公元 1800 年）；
- 万物由 80 种稳定化学元素的原子构成（约公元 1800 年至约公元 1910 年）；
- 万物由质子、中子和电子 3 种微小粒子构成（公元 1910 年至约公元 1970 年）；
- 万物由上夸克、下夸克和电子 3 种基本粒子构成（约公元 1970 年至今）。

有专家质疑这份列表中缺少玻色子。根据粒子物理学的标准模型，玻色子是能传递相互作用力的粒子。它们也是基本粒子，但不是物质的组成部分。在这里，我们把范围限制在实粒子上，形象的说法是那些占据空间的粒子。它们属于费米子，遵循前面提到的泡利不相容原理，这符合我们的日常直觉，即两个物体不能同时占据同一空间，但对玻色子（包括光子）来说，泡利不相容原理并不适用。一束光由能量包组成，虽然这些能量包也可以被看作粒子，但它们不是实粒子，因为它们不占据任何空间。这意味着两束激光可以不受干扰地相互交叉，反之，如果它们是由实粒子构成的，就不行了，因为它们会相互碰撞。

上夸克、下夸克和电子究竟是什么？已知所有物质都是由它们构成的。它们是点状的，因此没有体积；它们有质量和电荷，电荷可以是正的也可以是负的。此外，它们都有一个内禀角动量，即自旋，也就是说它们会不断地绕着自身旋转。就电子而言，这一点可以通过爱因斯坦–德哈斯效应得到实验证实。磁场能使铁棒中所有电子的旋转方式一致，例如都以逆时针旋转，而角动量守恒意味着整根铁棒必须反向进行肉眼可见的旋转，因此，电子的自旋实际上就是旋转。但如果电子是点状的，它们怎么能绕着自身旋转呢？

要弄清基本粒子的真实性质，另一类实验的结果会有所帮助，那就是通过增加能量，例如以高能光子的形式从无到有地创造出基本粒子。光子至少要具有与电子质量相对应的能量，才能产生电子，而问题在于除了能量守恒，这一过程还必须满足角动量守恒和电荷守恒的基本定律。电子带有负电荷，并围绕自身旋转，为保证上述守恒，必须同时产生一个反向自旋的带正电的粒子，即正电子。正电子与电子具有相同的性质，只不过它带正电。通过这一方式，正负电子对可以像铁砧上的火花一样被从时空中"敲击"出来，这就实现了粒子的从无到有。

那么粒子到底是什么呢？把它想象成一个小球显然是不够的。

更合适的图像是平静水面上的旋涡，这里的水面代表时空：旋涡可以通过能量输入产生，例如通过划动的桨，而且那里总是成对出现朝相反方向旋转的两个旋涡。山区上空的卡门涡街也是如此（见图 2-7）。两个反向旋转的旋涡就相当于被能量从时空中撞出的正反粒子对。如此说来，正反物质湮灭也更加容易理解：正反粒子朝着相反的方向旋转，并在接触时相互抵消。这使我们离得出问题的答案更近了一步：基本粒子只是以旋涡的形式被束缚着的能量，在没有外部影响的情况下不会解体，角动量和电荷必须守恒。两个反向旋转的旋涡会相互抵消，剩下的只有以伽马射线形式存在的纯能量。

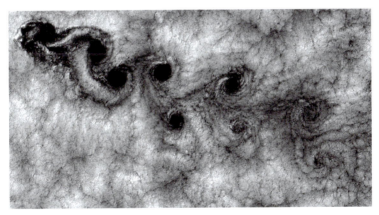

图 2-7：山区上空缓缓飘移的云层形成的卡门涡街，每对旋涡的旋转方向相反

根据上图，我们更容易理解为什么没有实验能测量出基本粒子的直径，因为它们似乎没有核心。旋涡也是如此。虽然从空间意义

上来讲它确实存在一个中心，而且我们可以不断接近它，但不会发现任何实体的存在。如果基本粒子内部存在一个隐藏的核，那么它至少比我们今天能够通过实验发现的任何东西都要小。

小结：基本粒子

　　所有物质都由占据空间并具有质量的实粒子构成。80 种稳定化学元素可以归结为质子、中子和电子这 3 种粒子，所有原子都是由它们构成的。质子和中子的直径是可以测量的，这就意味着它们一定由某种物质构成，正如我们现在所知，那就是更小的夸克。夸克和电子是真正的基本粒子，因为它们是点状的，不过，它们会绕着自身旋转。它们不仅可以被能量从时空中撞击出来，也会在与相应的反粒子接触时再次消失。那么，基本粒子到底是什么呢？时空的激发状态就像水面上的旋涡，它们的真正本质对我们的思维来说过于陌生，但至少我们现在能够回答：万物是由上夸克、下夸克和电子构成的。

2.3　自然力

　　为了让原本空旷的时空舞台上发生点什么，就需要有参与者，那就是粒子。不过，这些粒子并非只是孤立地在空间里漂浮，它们之间存在相互作用，或者说自然力。根据现有的知识，宇宙中有 4 种自然力，它们导致粒子相互排斥、吸引或结合形成聚合体。在本章中，我们将分别讨论这 4 种自然力，然后阐明它们的相对强度。最后，我们再谈谈力到底是什么。

万有引力

所有有质量的物体之间都有引力，更确切地说：两个物体之间的引力与它们质量的乘积成正比，与它们距离的平方成反比。这就是牛顿万有引力定律的要点。引力是一种相对较弱、但影响深远的自然力。在大爆炸之后，它使最初均匀填充宇宙空间的高温气体收缩成巨大的星云，最终形成恒星。总而言之，它过去是、现在也是形成宇宙中所有大型结构的原因。通过它，星系和超星系团得以形成。它也使地球在绕日轨道上、太阳在绕银河系中心轨道上运转。它极为可靠，因为我们的星球在 46 亿年里几乎没有明显地改变过自己的轨道。此外，引力在我们的日常生活中也起着决定性的作用。如果没有它，一切都会飘走，包括人类和大气层。

引力是 4 种自然力中最容易理解的一种，但也是物理学最大的谜团之一。爱因斯坦将其解释为时空弯曲的表现，认为它是一种惯性力，类似于汽车在弯道上行驶时的离心力。乘客感觉有一种力作用在他们身上，但实际上只是惯性在试图使他们保持相对车辆运动的直线路径。因此，离心力不是一种真正的力，这种解释也适用于引力。通过将其解释成弯曲空间中的惯性力，爱因斯坦能够说明引力质量和惯性质量的等效性，因此实际上只存在惯性质量，引力质量是表观力的一种人为产物。在他的引力理论，即广义相对论的基础上，爱因斯坦还能够解释引力的其他影响，例如长度的收缩和时间的膨胀。

这给物理学带来了一个大问题：引力理论与基于量子理论的其他 3 种自然力的理论不相容。一旦引入引力，后者就会崩溃。

电磁相互作用力

除了引力，还有第二种自然力在很大程度上决定着我们的日常生活，那就是电磁相互作用力（简称"电磁力"，见图 2-8）。它同样使单个组分形成更大的聚合体。与引力相比，它在更小的尺度上起作用，但这并不意味着它的重要性更低。在大爆炸之后，电子和质子通过电磁力的作用结合成氢原子。电磁力中的静电吸引力不仅促成了原子和分子的形成和稳定，还将金刚石和铁等固态物质中的原子紧密地结合在一起，形成稳定的固体结构。

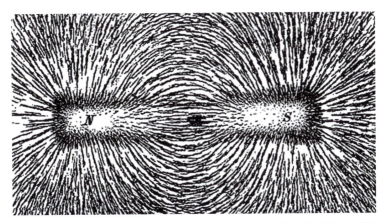

图 2-8：磁力属于电磁力的一种表现形式。在磁力的作用下，细长的铁屑就像罗盘针一样呈平行状排列。有了它们，我们就可以看见肉眼无法观测的、绕着条形磁铁的磁场

　　量子物理学发展起来后，人们才对"这种力的作用是如何产生的"这个问题，找到了更为深入的解释。根据量子物理学，电磁力是通过虚光子传递的，而实光子是光场的量子，也就是构成光的最小能量包。虚光子的产生类似于在时间–能量不确定性关系下的真空涨落，并且它只能存在很短的时间。因此，最初那种充满空间的电场或磁场的概念不再适用。物理学一直以来都很难解释这到底是什么。如今的物理学常用其他东西来取代场的概念：引力场被时空的弯曲取代，而电磁场被虚光子群取代。

　　日常生活中为我们提供众多帮助的常识，在这两种情况下都失败了：时空弯曲与通过虚光子交换来传递力的作用一样难以想象。

即使在这些与日常生活相对接近的现实领域，我们也只能用最简单的图像和类比来理解，然而，这些图像和类比已经远远不能满足现实的要求。只有数学能进一步帮助我们，因为它不依赖于直观感受。此时的我们仍处于已知领域的深处，离知识的边界还有很长的路要走。

强相互作用力

对于剩下的两种自然力，我们几乎不会直接接触到，因为它们只在原子核内起作用。但是，如果没有它们，宇宙中就不会有人类、植物和动物，太阳也会熄灭。

首先，让我们看看强相互作用力（简称"强力"），它将原子核中的核子结合在一起。考虑到核子的微小质量，引力在这里太微弱了，电磁力也不是我们所期待的，因为都带正电的质子会相互排斥。因此，如果强力不存在，原子核会立即飞散。强力主要作用于夸克之间，并始终保持吸引作用，而它的附带或者说溢出效应则在一定程度上将质子和中子聚合在一起。顾名思义，强力是4种基本自然力中最强的那个。这一点可以从它能够克服原子核中质子之间的静电排斥看出来。这也是为什么核裂变释放的能量是如此强大。然而，这个过程所展现的只是真正的强力的弱化版本。当它作用于质子和中子之间，引发核聚变并为燃烧数十亿年的恒星提供能量时，这意味着如果将其作为一种能源来利用，会极其强大。

宇宙大爆炸的初期只产生了非常轻的原子，主要是氢和氦。后来，太阳诞生了，其中心的氢和氦在聚变成更重元素的同时释放能量。此过程形成了从轻到重、一直到铁的原子核。这类过程的发生都基于强力的作用。在此过程中释放的巨大能量使恒星发光。然而，从铁这种最稳定的原子核开始，很难通过进一步聚变形成更重的元素，因为这需要吸收，而不是释放大量的能量。此外，这些更重的元素越来越不稳定，因为质子之间的静电排斥使它们的原子核不再稳定。所以，像铅和铀这样比铁含有更多质子和中子的更重元素的形成，无法再用太阳中心的正常聚变过程来解释，这自然引出了铅和铀等较重元素的来源问题。目前的猜想是，超新星爆发中的超快速融合过程，或者在早已熄灭的大质量恒星中发生的类似高能量过程对此负责。总而言之，除了氢和氦，所有的元素都形成于恒星内部，但有些元素仅在比较特殊的情况下才能形成。也就是说，我们这些生命体实际上是由恒星的尘埃构成的。那些在我们看来早已熄灭的恒星，可能在大爆炸后不久就形成了，并且只燃烧了几百万年。最终，它们以爆炸的方式散布了富含重元素的灰烬——太阳系的行星随之形成，我们也由此诞生。到目前为止，我们讨论过的 3 种自然力都对宇宙中生命的诞生做出了重大贡献。

弱相互作用力

现在，我们只剩一种自然力没讲，那就是弱相互作用力（简称"弱力"）。同样，它也仅在原子核中起作用。弱力不是一种传统意义上的自然力，不会导致粒子间的吸引或排斥，而是会使一种夸克转变为其他夸克，例如，从上夸克转变为下夸克，这样，对应的质子就变成中子，反之亦然。当轻原子核中的质子和中子数量大致相同时，该原子核是稳定的，原因和量子力学有关，这里不多做解释。相比之下，像铀这类非常重的原子核，只有当它们具有明显更多的中子时才能抵抗众多质子间的静电排斥力，维持稳定结构。容易裂变的铀-235 是铀的 3 种同位素之一，其原子核由 92 个质子和 143 个中子构成。它可以很容易地分裂成两部分[①]，每部分都有大约一半的质子和中子。由于强烈的排斥作用，这两部分会迅速飞散。一个这样的裂变产物的例子是有 46 个质子和 71 个中子的钯原子核。它不稳定且具有高放射性，因为钯的稳定同位素通常有 56~65 个中子。在这方面，弱力发挥作用，将多余的中子转变为质子，直至再次形成一个稳定的原子核。这类过程乍一看没什么特别的，但每个单独的转变过程都代表着一次产生辐射的放射性衰变。铀反应

---

① 当原子核中的质子和中子的数量不一致时，虽然更多的中子在一定程度上起到了稳定作用，但也使得原子核处于一种微妙的平衡状态。当外部条件合适时（例如吸收一个中子的情况），原子核就可能发生裂变。——编者注

堆中裂变产物的中子过剩及弱力的作用是乏燃料棒具有强放射性的原因（见图 2-9）。

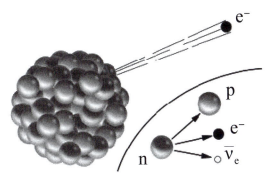

图 2-9：一个中子过剩的原子核是不稳定的。在 β 衰变过程中，一个中子（n）通过弱相互作用转变为一个质子（p），从而提高原子核的稳定性。一个快速运动的电子（e⁻）和一个反中微子（v̄ₑ）得以发射出来。反中微子是无害的，但快速运动的电子形成的 β 辐射是有害的放射性辐射。中子含量过高的原子核是核裂变的产物，裂变碎片自然成了强烈的 β 射线源。这就是核反应堆的乏燃料具有危险性的原因

　　从一个更积极的方面来说，弱力的作用也意味着它对于太阳发光是不可或缺的。如前文所述，恒星在从氢聚变为氦的过程中产生能量。氢的原子核是一个质子，而氦则遵循轻原子核中质子和中子的数量大致相等的规律。在太阳中，4 个氢核，即 4 个质子，会发生融合反应形成一个具有两个质子和两个中子的氦核。

　　弱力确保 4 个质子中的两个在氦核聚变的中间步骤中转变为中子。这也是一个放射性过程。在此过程中，太阳的中心会产生辐射，地球上的我们则由于大气层的保护而免受辐射的伤害。

力的相对强度

正如我们所见，4 种自然力的关系是生命存在的一个决定性的前提条件。如果在一个人造宇宙中改变它们的相对强度，那么这个宇宙很可能不会诞生生命。在我们的宇宙，强力排在首位，它使带正电的质子抵抗相互之间的静电排斥而结合在一起。在铅这个最重的稳定元素中，有 82 个质子被压缩在原子核的极小空间内。只有强力才能将这么多带正电的粒子聚集在一处。它在夸克及所有由夸克构成的粒子之间发挥作用。而对包含更多质子的原子核来说，仅靠强力还不足以使其变得稳定。例如，铀-235 的原子核由 92 个质子和 143 个中子构成。中子数量相对较多在一定程度上削弱了静电排斥作用，因为它们不带电，有助于强力发挥聚合作用。但对铀来说，这已经到了极限。更重的元素如钚，无论其中子数量是多少，都高度不稳定，会在短时间内衰变。它们在自然界中不存在[1]，只能通过人工制造产生。

为什么不存在完全由中子构成的原子核呢？如果存在的话，就不会有质子相互排斥的问题，原子核也会更加稳定。问题在于弱力。作为自由粒子，中子是不稳定的，会衰变成质子。在一个完全由中子构成的原子核中，此过程会立即开始，约半数中子会迅速衰变为质子。只要原子核能够通过此过程获得结合能，这种情况就会

---

[1] 自然界中存在极少量的钚。——编者注

持续下去。总而言之，这是两种自然力和量子规律之间的一种微妙平衡，最终确保了轻原子核由数量大致相等的质子和中子构成。

在其他条件相同的情况下，可以从原子核中来估计自然力的相对强度。据此，强力比电磁力强 10 倍左右，在日常生活中起着巨大作用的引力则位居最后。为了说明这一点，让我们考虑一个氢原子。在最简单的近似下，一个电子绕着只有一个质子的原子核旋转。借助库仑定律，可以快速计算出电子和原子核间的静电吸引力，也可以算出它们之间因引力所产生的吸引力。在粒子间的距离和大小相同的条件下，相对于电磁力，引力是很小的。更准确地说，后者只有前者的 $1/10^{36}$。引力之所以看起来强大，是因为地球和太阳系中其他天体具有巨大的质量。

在较大的物体，例如行星和太阳之间，电磁力不起作用，因为这些物体整体呈电中性。但引力并非如此，因为它总是存在，也就是只朝着一个方向起作用。我们的宇宙中似乎不存在反引力这样的东西——除了暗能量的准反引力效应，我们将在第 3 章中详细地研究这一内容。

顾名思义，弱力是弱的力，虽然远不如引力那样弱，但这个形容词的选择还是很恰当的，因为与之对比的是在原子核中发挥作用的其他两种自然力。值得注意的是，弱力的作用主要通过放射性衰变和半衰期来体现。因此，比较它与其他自然力的相对强度是困难的。在对自然力的量子描述中，我们经常谈论某个具体过程，如放射性衰变发生的概率。对弱力的许多过程来说，其发生的概率很低，这就是我们把它的强度视为强力的 0.001% 的原因。

简要总结一下：强力，正如其名，在自然力的强度排序中居于首位；其次是电磁力，它的强度大约是前者的 1%；到了弱力，其强度大大降低；引力则排在最后一位。表 2-1 展示了 4 种基本自然力的属性概况。这些数值对我们很重要，因为如果它们不是这样，宇宙中就不会有生命。然而，我们并不知道它们为什么会是这样的。

表 2-1：在物理学的标准模型中，力的作用是通过交换虚粒子传递的。但与传递弱力的 W^+、W^- 和 Z^0 玻色子以及传递强力的胶子不同，引力子目前只是一个理论构想

基本力	交换粒子	相对强度	作用范围（米）
强力	胶子	1	10^{-15}
弱力	W^+ 玻色子	10^{-5}	10^{-18}
	W^- 玻色子		
	Z^0 玻色子		
电磁力	光子	10^{-2}	∞
引力	引力子	10^{-38}	∞

力是什么？

物理学家对 4 种自然力已经有了很多了解，但仍然没有确定力的本质究竟是什么。学生会在课堂上学到永磁体或带电体的周围存在一个场，地球周围同样存在一个引力场。但场到底是什么呢？一

个常见的解释是，它们能对相应的物体施加力的作用。对于磁场，这些物体必须是带磁性的；对于电场，它们必须是带电的。在引力场中，质量就如同电磁场中的电荷。这时便有一种模式显现出来：对每种力来说，都有一种类似于广义电荷的东西，当这个电荷存在时，相应的场就能发挥作用。但场是一种像水一样的物质，还是更像是空间的一种变化呢？或者说，力是由看不见的线或粒子传递的吗？很长一段时间里，物理学家并不满足于场的概念，直到新的理论带来了更多的启示。

在量子理论的框架内，4 种自然力中的 3 种可以被解释为相互作用。量子理论将力的作用描述为看不见的中介粒子的交换，这些粒子仅在时间-能量不确定性关系的限制下短暂存在。当两个同名的实粒子相互吸引或排斥时，它们会交换额外的虚粒子（中介粒子），从而产生力的作用。同时，对 3 种自然力而言，人们可以直接或间接地证实关于"交换力"的设想。电磁力是通过光子的交换产生的，强力是经由胶子的交换产生的，弱力是由 W^+、W^- 和 Z^0 玻色子的交换产生的。特别是对后者的实验探测，被誉为基于量子力学的粒子物理标准模型的巨大成功。同样，这些中介粒子都属于基本粒子，因此，基本粒子的范围必须扩展。

几乎没有任何方法能够以图像的方式说明一种力起作用的确切过程。对于排斥力，可以想象为两个人各自站在一条小船上互相扔球的场景。由于反冲力的作用，他们会慢慢分开。球在这里代表中介粒子，它在作为实粒子的人之间来回运动。这个例子还是比较容易理解的。但是对于吸引力，我们的经验世界中没有特别合适的类比，就像我们缺乏对纳米层面的陌生过程的类比一样。

此外，引力并不符合这种相互作用的图景。爱因斯坦将引力场解释为时空发生弯曲的区域。在那里，时间流逝得更慢。因此，物体向下坠落无非是被拉向时间流逝更慢的区域。如果引力场很强，时间甚至会停止，同时空间会强烈收缩。由于没有感知时空的器官，因此我们既不能察觉到，也不能真正想象出这些现象。引力场与电场或磁场有很大的不同。物理学家试图找到一种适用于 4 种自然力的统一理论，因为它们目前所遵循的机制是如此不同，以至于看起来有些不可思议。有一种可能性是，无论是相互作用还是时空弯曲的解释都不完整。然而，到目前为止，还没有发现适用于所有 4 种自然力的共同理论。

这背后隐藏着一个非常严重的问题，即物理学的两个基本理论——量子力学和广义相对论——并不相容。但它们如果想要声称自己具有完整性和普适性，就必须相容。所以，它们可能只描述了现实的一部分。也就是说，还存在着比我们迄今为止所发现的更多的东西。随着量子物理学将 3 种自然力解释为相互作用，一类新的粒子被引入，即虚粒子或称中介粒子。它们也没有可测量的大小，并被列入了基本粒子的表单中。但是，像光子这种中介粒子与电子这样的实粒子有何不同？这个问题的答案与波粒二象性有关。经典物理学对波和粒子进行了严格的区分。前者是弥散的并且可以同时分布在许多位置，后者沿着一条精确定义的轨迹运动并在任何时刻都精确地处于一个位置。因为粒子占据空间，所以任何两个粒子都无法在同一时刻共处于同一空间。但对波来说这并不是问题。它们互相穿透，互不干扰。此外，波能发生衍射和干涉，这对粒子来说是难以想象的。

在量子力学的发展过程中，人们曾被迫放弃这种区分。物理学家发现，粒子也会表现出干涉和衍射现象，而且可以在波中观察到原本只能从粒子中了解的特性。我们将在第 5 章更详细地讨论这一点。需要注意的是，大约 100 年前，波和粒子之间的二分法不得不让位于费米子和玻色子。这到底意味着什么呢？在上一节中，我们将基本粒子的范围扩展至中介粒子。基本粒子除了夸克、电子和中微子，现在还包含光子、胶子以及 W^+、W^- 和 Z^0 玻色子。它们都有不同的属性，但其中只有一个属性决定它们是实粒子还是虚粒子。前者具有 $\frac{1}{2}\hbar$ 的内禀角动量（自旋），被称为 **费米子**；后者具有 $1\hbar$ 的内禀角动量，被称为 **玻色子**。与电荷的特性类似，纳米世界的角动量也是量子化的，其中 $\hbar$ 表示量子化单位。实粒子是费米子，具有半整数自旋；虚粒子是玻色子，具有整数自旋。为什么这个内禀角动量如此重要呢？

我们之前说过，实粒子占据空间，两个同类粒子不能同时处于同一个地方。这句看起来很普通的论述等同于纳米世界中的泡利不相容定理，但它仅适用于费米子，不适用于玻色子。泡利不相容原理指出，没有两个实粒子可以处于相同的状态。如果我们把玻色子设想成如同经典物理学中的波的量子，那么这个说法就不令人惊讶了：实粒子相互避让，而波可以叠加。但令人费解、实际上也不可思议的地方在于，粒子的属性取决于它有什么样的内禀角动量。

有理解这种奇特联系的可能吗？也许有可能。但是，要想深入这个陌生的领域，对我们的想象力来说是个挑战。不管怎样，让我们来试试吧。粒子一方面是时空的旋涡，另一方面是波。这两个方面我们已经解释过了。对于普通波在空间的传播，我们还可以很容易地想象出来，比如水中的旋涡。一个同时具有这两种特性的物体必须围绕一个中心点旋转。如果相关粒子处于静止状态，那它就是静止的驻波。众所周知，在量子物理学中，原子中的电子就表现为驻波。它们呈三维状，其特点是有数个节点和波腹。角动量决定了节面①的数量：如果角动量为 0，节面的数量也为 0，驻波是球对称的。角动量为 1 时有一个节面，角动量为 2 时有两个节面，以此类推（见图 2-10）。

---

① 对于描述原子中的电子状态的波函数，节面是指电子云密度为零的平面。

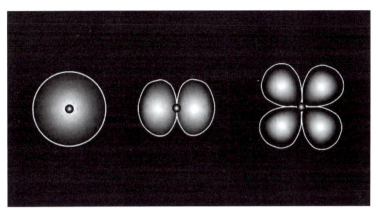

图 2-10：原子中的电子是具有一定轨道角动量的驻波，轨道角动量决定了节面数量

　　费米子所显示出的 $\frac{1}{2}\hbar$ 的自旋实际上并不是我们常识可以理解的正常轨道角动量。可以这样想象：节面只在每两次旋转的过程中出现一次。如此一来，这些粒子便没有固定的节点和波腹。然而，这只不过是一种假设。波形的对称性在半整数角动量和整数角动量之间肯定有根本的不同。当两个这样的波相遇时会发生什么？在经典物理学中，可能会发生相长或相消的干涉。具有整数自旋的粒子对应具有确定节面的驻波，可以不受阻碍地相互穿透；而具有半整数自旋的粒子对应没有固定节面的绕行波。如果第二种类型的粒子互相靠近，这些实粒子必须相互避让以避免相消干涉。如果不是这样，就不会有固体物质，地球也会坍缩消失。

　　有关此内容的物理学层面的解释不够直观，但为了完整起见，还是简单地提一下。泡利不相容原理源于费米子多体波函数的对称性要求，该波函数对于粒子交换必须是完全反对称的。这是量子力学的一个假设，没有理由。此外，粒子必须是不可区分的，实际上，只要它们是同一类型，情况便总是如此。大多数教科书甚至没有试图解释对费米子系统的数学描述的对称性要求。人类的理解能力在这里就止步了，只有数学才能把握这种陌生的现实。

> **小结：自然力**
>
> 　　我们从这一章了解到了什么？总共有 4 种自然力。其中引力和电磁力对我们的日常生活具有决定性意义。前者使所有生物及大气层附着在地球表面，并使行星在稳定的轨道上围绕太阳运行。后者导致原子、分子和固体的形成。剩下两种自然力只出现在原子核中。在那里，强力确保原子核的稳定，弱力使质子转变为中子。没有它们，太阳就会熄灭。力究竟是什么？这个问题很难回答。在这期间，物理学家放弃了传统的"场"的概念。根据现代观点，引力场作为弯曲的时空存在，而电磁场是充满虚光子的空间。每一种自然力都有自己的中介粒子，只有引力的中介粒子还未被发现。更深层次的问题是：广义相对论与量子理论不相容。如何解决这个问题，是现代物理学的最大挑战之一。

2.4　自然规律

现在，我们的宇宙有了舞台（时空）、演员（基本粒子）以及演员之间的相互作用（4 种自然力），缺少的是关于它们行为的明确规则——自然规律。没有人相信可以从帽子里凭空变出一只兔子。它一定早就在帽子里了，因为事物不会凭空出现——专业术语是"物体恒存性"。即使我们此刻看不到这些物体，它们也是存在的，其存在既不可能暂停，也不可能自发开始或突然结束。

我们的宇宙中存在着永远不能被打破的自然规律。与法规或法律不同，它们不可变通，也不存在例外，在任何地方都始终适用。

宇宙已经存在了 138 亿年，物理学家如何知道自然规律不会随着时间的推移而改变呢？为了验证这一点，人们必须回顾过去。幸运的是，这是有可能的，例如用望远镜观察遥远的物体。在这种情况下，"遥远"意味着光在到达地球之前就已经传播了数百万乃至数十亿年。因此，我们现在看到的是很久以前的事物。这些观察证实，自然规律在那时同样适用。例如，原子的光谱线波长与现在完全相同。类似的情况在未来很可能也适用。然而，当涉及宇宙大爆炸后不久的时间段，或者可观测宇宙的边界时，情况可能就变了。但无论如何，以下情况都是事实：迄今为止，在我们可以接触到的时空范围内，没有发现对已知自然规律的重大偏离。大爆炸理论基于这样一个假设：大爆炸后不久的过程决定了宇宙今天的样子。这是在基于自然规律的计算机模型中模拟出来的。这就是现代科学假设自然规律在所有时间和所有空间都适用的原因。

自然规律有很多种，它们彼此之间还形成了一种层级关系，例如牛顿运动定律和开普勒定律。在牛顿运动定律中，排在首位的是惯性定律（牛顿第一定律）：一个物体在没有受到外力时，即既没有制动摩擦力，也没有加速驱动力作用的时候，将保持静止或匀速直线运动的状态。与之相对应的是动量守恒定律。冲量是速度和质量的乘积，通俗来说，也可称之为"动量"。如果一个滚动的台球正好击中一个静止台球的正中央，且两个球质量相同，那么第一个台球会停下来，第二个台球会以完全相同的速度继续滚动。在这种情况下，动量从滚动的球完全转移到了静止的球上，整个系统的动量保持不变。实际上，牛顿提出的三个运动定律都只是更高级的动量守恒定律的具体体现。

第二个基本守恒定律是角动量守恒定律，即旋转动量的守恒。以太阳系为例，像地球这样的行星一旦开始绕着太阳公转，只要不与其他天体相撞，就不会停止。而且，即使发生了碰撞，角动量守恒定律仍然成立：一旦有物体向左转，就必然有其他物体以同样大小的角动量向右转。碰撞前后的总角动量必须相等。与动量守恒一样，这是宇宙的基本属性。学生在物理课上学到的开普勒定律，本质上也是角动量守恒这一更高层次的自然规律的一种体现。

让我们回到魔术表演这个话题。物体恒存性适用于我们的宇宙——除了个别特殊情况，比如物质-反物质的产生。没有人能从帽子里变出一只兔子，因为宇宙中最基本的自然规律或许就是能量守恒定律。由于能量和质量的等价性，质量守恒定律也同样成立。可以设想用纯能量产生一只中等大小的兔子，但这需要约 250 亿千瓦时的能量。此外，在产生兔子的同时，还必须产生一只由反物质构成的反兔子。

因此，能量既不能凭空产生，也不能凭空消失，只能从一种形式转化为另一种形式。爱因斯坦的质能方程 $E=mc^2$ 表明，能量（E）等同于质量（m），二者通过光速（c）的平方这一修正系数进行转换。根据这个公式，能量可以转化为质量，反之亦然。自然界最基本的定律——能量守恒定律，其实是质量能量守恒定律，即二者之间无论如何转化，它们的总量始终守恒。不过，地球上的常规条件通常不会导致这种转化发生，因此称其为能量守恒定律也没问题。原子弹是一个例外，其爆炸实际上是将其质量的一小部分转化为能量，从而产生毁灭性的力量。

我们可以再次思考：这些现象背后的原因是什么呢？为什么能量是守恒的？如果我们找到了这个问题的答案，接下来就会产生关于这个答案背后原因的问题。我们可能永远都不会停止提问。幸运的是，多亏了数学家艾米·诺特，我们至少知道了与能量、动量和角动量有关的三大守恒定律背后的原因。她提出了一个后来以她的姓氏命名的定理，即诺特定理。根据该定理，能量、动量和角动量的守恒是由自然界的基本对称性决定的。全面的阐述将超出本书的范围，因此我们简要地讨论一下它。与能量守恒相关的对称性是"时间的均匀性"，这意味着时空中不存在独一无二的时间点，它们都是平等的。即使有一定的基础知识，想要更深入地理解这种联系仍然需要一些思考，这也是为何我们仅作简略介绍。与动量守恒相关的对称性是"空间的均匀性"，即所有空间点也是平等的。最后，角动量守恒与"空间方向的均匀性"有关：宇宙中没有一个方向比其他方向更突出。这种"空间各向同性"是角动量守恒的基础。

诺特定理使我们更深入地触及了现实的结构。毕竟，我们知道了这三大守恒定律背后的原因。当然，我们可以追问为什么时间和空间是均匀的或各向同性的，但我们也可以把这个问题留给后人去解决。这些认识已经让我们走得很远了。

宇宙中还有更多的对称性，相应地也有更多的守恒定律，如粒子数守恒、电荷守恒和宇称守恒。宇称守恒是关于空间反演的对称性。直观来说，这意味着物理学不会因为左右对调之类的情况而发生变化。虽然并不总是如此，但在大多数情况下，宇称守恒是适用的。孤立系统中的总电荷也必须在时间的流逝中保持不变。最后，我们已经知道，在真空中用纯能量制造粒子是可行的。然而，基于守恒定律的要求，它们必须总是成对产生。因此，在产生带负电荷的电子的同时，也会产生带正电荷的反电子，即正电子。因为反粒子的计数被视为负数，所以粒子的总数保持不变。到目前为止，我们已经确定了作为自然规律的六大守恒定律以及爱因斯坦的质能等价理论。

特殊根植于基本：牛顿运动定律源于动量守恒，开普勒定律源于角动量守恒。本书只讲述最底层的规律，其中也包括因果关系。在相对论中，时间是相对的。据此可以设想，在某些情况下是先有果后有因，而非先有因后有果。然而，这种情况在我们的宇宙中并没有发生——至少根据我们目前的知识来看是这样。因果关系，即因与果的正确顺序，在任何情况下都是有保证的。这也是一种自然规律，很可能与时间的本质有关。因此，穿越时空回到过去是不可能的，因为这违背了因果关系。相反，穿越时空去往未来至少在理论上是没有问题的——只是不能再回来。

另一个基本的自然规律涉及时间本身，那就是熵增原理。在一个孤立系统中，即既不与周围环境交换物质也不交换能量的系统中，熵只能保持不变或增加，而永远不会减少。熵使时间有了方向，宇宙的膨胀以及随之而来的冷却现象可能是时间流逝的深层原因。宇宙中的熵不断增加。前文已经用一个简单的例子论证了这个过程，在这里我们用图 2-11 再次详细解释一下。

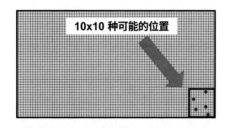

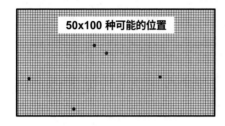

图 2-11：在每个时间步长内，5 个气体原子在二维网格的节点上重新分布。左上图右下角的小区域中有 10^{10} 种可能的分布方式，左图大区域中则有 3.125×10^{18} 种。那么在一个时间步长内，所有 5 个原子再次随机分布在这个小区域内的概率为 1/312 500 000

　　该图展示了处于二维世界中的 5 个气体原子。只有离散、可数的网格节点是它们可以停留的位置。原子具有一定的温度（动能），因而会在网格中随机移动。在思想实验开始时，原子位于右下角的小区域内。我们进一步假设时间也是数字化的，5 个原子在每个时间步长中随机分布在 100 个节点中的某一个节点上。由于放置单个原子在这个小区域内的分布方式有 100 种，那么两个原子的分布方式则有 100×100 种，5 个原子的分布方式有 $100 \times 100 \times 100 \times 100 \times 100$，即 10^{10}（100 亿）种。这是一个相当大的数字。如果我们对有 5000 个节点的大区域进行同样的考虑，5 个原子分布方式的总可能性将达到 3.125×10^{18} 种。原则上，可以想象在大区域的每一个时间步长中，所有 5 个原子都可以随机地在小区域中重新聚集。这就好比从瓶子中逸出的气体又流回瓶子里一样。这一假设过程几乎符合所有自然规律，但有一个例外：它违背了熵增原理。在熵增原理中，过程发生的概率起着核心作用。我们所假设的例子在理论上并非不可能，但在现实中极不可能。

如前所述，对 5 个原子来说，在小区域内有 10^{10} 种可能的分布，在大区域中有 3.125×10^{18} 种可能的分布。经计算可知，每 312 500 000 个时间步长中，才会有一个时间步长出现 5 个原子同时处于小区域中的情况。如果每个时间步长持续一秒，那么这 5 个原子大约每 10 年会随机地在小区域内短暂聚集一次。如果我们用 6 个原子重复这个过程，那么这种聚集每隔约 5 万年才会发生一次。每增加一个原子，出现这种情况的概率就会呈指数级下降。因此，熵增描述了由包括原子在内的许多粒子构成的系统向愈发可能的状态发展的过程。也许时间自身的本质也隐藏在其中，因为这种发展趋势给了时间一个方向，尽管这只是基于纯粹的随机考虑。

在物理学中，熵增原理也被称为**热力学第二定律**。当然，也可以对这 5 个原子组成的系统进行干预，只要稍加努力，就可以将它们重新装入贮气瓶。但是，当引入外部能量进行干预时，这个系统就不再是一个封闭系统了。有了能量，整个系统原本不可避免的熵增可以在局部得到逆转，秩序得以建立。地球上的生命就是这样产生的。只有通过外部能量的输入，有机系统所需的高度秩序才能形成。在我们生活的环境中，必要的能量来自太阳的辐射，它使熵增发生了局部逆转，即秩序可以用能量来换取。

另一类基本的自然规律关于力，其中有两条尤为突出：牛顿万有引力定律和库仑定律。它们都描述了两个物体之间的力的作用，并且这两种力的大小都随着物体间距离的平方成反比减小。由此可见，它们对距离的依赖性是相似的，尽管对它们的作用原理的解释大相径庭：引力的作用基于时空的弯曲，而库仑力的作用则是通过虚粒子的交换。二者对距离依赖的相似性还有一个更深层次的原因：空间的三维性。

距离灯越远，感受到的灯的亮度越弱，这体现了同样的距离依赖性。对这种现象的解释基于能量守恒定律，或者更确切地说是能量流守恒定律。假设灯是一个点光源，朝各个方向发射光子，且每秒发射的光子总量保持不变。考虑一个以灯为中心的假想球体，无论其半径大小，在每个时间间隔内，流过假想球体的光子数量总是相同的。根据几何知识，球体的表面积随着半径的平方增加：若半径增加一倍，则表面积变为四倍。也就是说，随着时间的流逝，相同数量的光子会分布在更大的面积上。因为后者随着距离的平方增长，所以球面上的光强随着与灯的距离的平方减弱（见图2-12）。声波也是如此。随着与声源距离的增加，其强度也会呈平方减弱。在两个相同带电粒子之间的库仑斥力和两个物体之间的引力中也可以观察到这种效应。在三维空间中，这种"平方减弱"的规律是普遍的，它源于时空本身的特性。

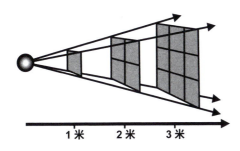

图 2-12：感受到的灯的亮度随距离的平方减弱。力的大小遵循类似的规律，该规律普遍适用于三维空间

　　除了基本定律，还有物理学的宏大理论体系。这些理论的首要目标是对自然界的行为进行正确的数学描述——因为自然界明显遵循严格的规律。即使这些规律有时在我们看来非常陌生，科学也能用数字和公式将其表述出来。数学是一种通用工具，可以描述任何现实。在这方面，它就像好莱坞的电影制片人一样，后者创造出了造型奇特的外星人。对于这些外星人，像能量守恒定律这样起约束作用的自然规律并不适用——数学可以随意虚构出荒谬的宇宙。在物理学中，关键是从众多可能的描述中选择一个能够正确描述实际自然规律的，这就涉及寻找正确的公式。据此，我们可以从数学角度把握现实中的某些部分，并真正地理解自然规律。因此，在常识不能触及的最奇特的领域，数学发挥着卓越的作用。无论自然界多么奇特，数学公式都能准确预测其行为。

　　接下来，我们将概述物理学的两大理论体系。我们之前已经多次提到它们，但只涉及了个别方面。如果要更深入地描述这两大理论体系，就需要编写一整本教科书，但这对我们的目标来说并无必要。我们只专注于基本的联系，并尽可能使内容保持直观。

量子理论

常识在我们认知所及的空间和时间尺度上运作良好。在这个熟悉的范围之外，真正起作用的是陌生的自然规律，即使我们知道它们的数学公式，也无法完全理解。量子理论就是如此，它描述了纳米尺度的微观世界。在该理论中，世界是被"量子化"的，即被分成一个个小份。这个观点并非显而易见，因为这些组分非常小。这就如同显示器上的图像看起来与现实极为相似，而一旦你仔细观察，就能看到一个个像素。像素越小，显示某物所需的像素就越多。与此同时，图像质量也会提升。这就是"高清"的概念。随着像素数量的增加，表现效果也越来越逼真。

在数字图像中，像素化意味着借助放大镜或显微镜能够发现越来越多的细节。但是，放大也有极限：你只能看到单个像素，即红、蓝、绿点，进一步放大也不会带来新的发现。这正是我们现实生活中的情况：超过一定的观察范围，就不会有新的信息增加。诚然，这种像素类比法大大简化了量子物理学的本质，却也很好地介绍了一个对我们来说非常陌生的微观世界。

与显示器类似，我们的现实也有对应的分辨率。现实的像素有多大呢？量子理论的基本常数为我们提供了问题的答案。它被称为**普朗克常数**，用字母 h 表示，其数值约为 6.626×10^{-34} 焦耳秒。这意味着现实的分辨率非常高，我们几乎无法发现像素，即量子的存在。

举个例子：根据上述定义，机械摆的振动幅度是量子化的。这意味着其运动是不连续的，只能以振动量子的倍数进行变化。这有点儿像某些音量控制器的调节，只允许在 0~10 的整数步长间调节，其间的非整数值是不可能出现的。机械摆的振动，或者更准确地说，储存在摆中的能量被量子化了。能量量子的大小由普朗克常数决定，计算公式为 $E=h \times f$，其中 f 代表摆的振动频率，单位为"赫兹"。如果振动频率较低，能量量子就很小，振动的量子化也就不再明显。

在纳米尺度，量子化变得非常重要，因为纳米摆的振动能量非常小——分子就是一个例子。化学式为 H_2O 的水分子由两个氢原子和一个氧原子构成。将这些原子固定在一起的化学键就像弹簧，分子可以像摆一样振动或旋转。这两种运动都是量子化的，这意味着旋转的能量只能取离散的数值——这是角动量为某自然常数的倍数的结果。这个自然常数为 $\hbar = \dfrac{h}{2\pi}$，它在我们的日常生活中会产生一些具体的影响，因为 H_2O 或 CO_2 等分子的振动和旋转模式决定了这些气体对温室效应的贡献。

与宏观世界相比，量子太小了，以至于我们无法感知到它们。

但这只是因为我们的感知能力有限。事实上，现实世界在很多方面都是量子化的。像弦理论或圈量子引力理论这样试图统一量子理论和引力理论的模型，甚至假定了空间和时间的量子化。我们会在第4章讨论它们。

光也是量子化的，哪怕在我们看来，光线是连续的。我们学到光是一种波，实验也证实了光的干涉现象。如果两束波的振动方向完全相反，它们可以相互抵消。这对粒子来说是难以想象的：一束粒子加上另一束粒子应该会得到两倍数量的粒子。

探测器也可以测量强度非常低的光线。当探测器被触发时，它会像检测放射性的盖革计数器一样发出滴答声。光线越强，滴答声的频率就越高，直到最终断续的滴答声变成连续的嗡嗡声。但这反映的仍然是一个个光子撞击探测器的信号，只是光子的数量如此之多，以至于它们表现得像连续的波。光子的能量由普朗克常数决定，其公式与机械摆的能量公式相同，只是前文的 f 在这里指光的频率。

如果一束光由光子组成，那么干涉现象是如何产生的呢？带着这个问题，我们终于进入了神秘的量子世界。根据传统的理解，一束光要么由光子组成，要么是一种波，两者不能都对。然而，我们发现由其他粒子组成的粒子束中也存在干涉现象。我们称这种干涉为物质干涉。不过，粒子质量越大，干涉实验就越困难，例如在大分子或蛋白质中，几乎无法观测到干涉现象。实粒子（例如电子、原子、分子或尘埃粒子）的波的特性由德布罗意波长决定，波长的计算公式为 $\lambda=h/p$，其中 p 为动量，等于粒子质量和速度的乘积。重粒子的波长非常短，这使得干涉实验变得极其困难。正因如此，物体越大（重），其表现越符合我们（经典物理学）的预期，即它们几乎不会表现出干涉现象。

综上所述，由实粒子组成的束流具有波的特性，而像光这样的波则由具有一定能量、动量和角动量的粒子组成。这就是波粒二象性。在纳米尺度下，波和粒子之间的界限变得模糊。如前文所述，人们不得不将其抽象地分为费米子和玻色子，以便更好地反映这种奇特的现实。

由此可见，我们必须承认每个粒子都具有波的特性。粒子越轻，运动越慢，这种特性就越明显。这是由普朗克常数 h 决定的。波的特性使粒子变得模糊，这既不是测量精度不够的问题，也不是一个简单的比喻：它实际上变成了一束波。就像海中的一朵浪花，你无法确定它的位置，因为它在空间中是弥漫的。这与经典粒子的行为形成鲜明对比。在传统观念中，粒子在任何时刻都位于一个确切的空间点上。然而，针对电子的干涉实验，如著名的双缝实验（我们将在第 5 章中详细讨论它），只能在假设电子同时存在于多个位置的前提下才能解释实验结果。

量子理论中有个概率波的概念，这是一种描述粒子的波的特性的数学构造。当进行位置测量时，量子理论只能给出在特定位置找到粒子的概率。量子理论中有一个核心公式——薛定谔方程，它将控制这些波的行为的规律转化为数学表达。此外，不确定性原理（根据此原理，测量量不能被任意精确地确定）以及前文提到的角动量的量子化也很重要。总之，我们有一个描述微观世界的近乎完美的物理模型，但理解跟不上了。它太陌生了。

相对论

离熟悉的环境越远，自然规律对我们来说就越难以理解。如果说之前我们还停留在微观量子领域，那么现在我们就要进入浩瀚的宇宙。在这里，高速度、大尺度和强引力场司空见惯，有我们无法用常识理解的自然规律，还有复杂的理论大厦——广义相对论和狭义相对论。它们的预言无论看起来多么奇怪，都被实验一次又一次地证实。广义相对论预言，在极强的引力场中（比如黑洞附近），时间会变慢，甚至会停止；狭义相对论预言，若一个航天员乘坐接近光速飞行的飞船远航，当他返回地球时，看起来和离开时没什么两样，即几乎不会变老。

这两种理论都是对自然规律的数学描述，但主要在宇宙尺度上有意义。当然，它们在我们的日常生活中也适用，只是一般用不到。根据狭义相对论，运动物体的时间流逝得更慢。这种现象被称为**时间膨胀**，我们在前文已经了解过。它总是与**长度收缩**一起出现。对于处于静止状态的观察者来说，高速飞船中的时间流逝得更慢。但对于飞船内的航天员来说，他仍然按照生物学设定的速度变老，即他感觉到的固有时间总是和地球上的人一样。

即便如此，航天员也能在短时间内飞过遥远的距离。那么，他的旅行速度超过光速了吗？在我们的宇宙中，这是不可能的，因为这意味着时间倒流，并违反因果关系。从航天员的角度来看，实际发生的是长度收缩。飞船速度越快，其与目标间的距离就越近。时间膨胀和长度收缩这两种效应都是真实存在的。从地球上看，飞船上的时间确实变慢了，从飞船上看，距离确实缩小了。根据狭义相对论，在高速状态下，时空作为一个四维整体的扭曲会更强烈。达到光速时，时间停止，空间收缩为零。

这就提出了一个与能量守恒密切相关的有趣问题。如果一个物体在力的作用下不断加速，它的速度会越来越慢地接近光速，但永远不会达到光速，那么，注入物体的能量去哪儿了？它不能就这么消失。答案是：根据爱因斯坦的质能转换公式，它转化成了质量。物体不再加速，而是变得更重了。

物理学家在大量实验中验证了这些效应，例如，随飞机快速飞行的原子钟走得更慢；加速器中被加速的电子越来越重。这些现象与时空的基本特性以及物体（例如一个基本粒子）本质上是什么有关。作为时空的一部分，电子的运动速度显然不能超过光速。光速无法被超越这一结论不仅适用于各种粒子，也适用于信息。这同样与因果关系有关，因为信息的超光速传输会违反因果关系。

狭义相对论的"2.0版"，即广义相对论描述了质量对时空的扭曲，体现为时间变慢和空间收缩。同样地，这种效应是相对的，只能从外部观测到。以中子星为例，其表面引力通常是地球引力的数十亿倍。除了巨大的、对生命不友好的引力，从一个假想的在中子星表面的航天员的角度来看，自然规律和时间都没有任何异常。然而，从宇宙中看，中子星上的事件在以慢动作进行。反过来，在航天员看来，外面的宇宙似乎在以极快的速度变化。因此，引力对时间和空间的影响与狭义相对论的情况类似，不同的是，造成影响的不是快速运动，而是巨大的质量。

小结：自然规律

　　自然遵循一定的规律这一现象本身就很奇特。很多事件是可以被精准预测的，而且在相同的条件下会一次次地重复发生。我们的常识基于经典物理学，其中总结的规律助力我们发明了蒸汽机和收音机。在远离我们日常生活的现实中，还存在其他规律。作为一种工具，数学可以描述这些规律（见表2-2）并帮助我们在缺乏基本理解的情况下应对它们。还有更多的问题：是否存在离我们的认知更遥远的现实领域？它们对我们来说是否可以触及？如果可以，以何种方式？关于这些问题，我们稍后再谈。

表 2-2：一些重要的自然规律

基本定律	具体定律
守恒定律	开普勒定律
能量守恒定律	牛顿运动定律
动量守恒定律	热力学第一和第二定律
角动量守恒定律	麦克斯韦方程组
电荷守恒定律	伯努利方程
宇称守恒定律	纳维-斯托克斯方程
粒子数守恒定律	气体定律
时间反演不变性	卡诺循环
因果律	欧姆定律
熵增原理	辐射定律
力学定律	……
量子理论	……
相对论	……
……	……

2.5　自然常数

我们通过许多特征来描述人类，例如身高、性别、头发和眼睛的颜色。自然常数也是类似的参数集合，它们定义了宇宙的特性。与人类的多样性不同，我们认为我们的宇宙是独一无二的。自然常数是"常数"这一事实是非常惊人的，因为我们无法解释它们，只能测量并将其列在表中。虽然我们可以使用计算机模型创建具有不同自然常数的虚拟宇宙，但这并不能回答为什么它们在现实情况下具有特定的值。可能的答案已经超出了知识的边界，而这会在第 4 章中讨论。首先，我们要弄清楚自然常数到底是什么，以及为什么我们如此确定它们不会改变。

光速 c 是最基本的自然常数之一，也经常被列在相关表格的首位。它代表了真空中电磁波的速度，同时也是宇宙中的极限速度——没有比它更快的了。当接近这个速度时，奇怪的事情就会发生，比如时间变慢、空间收缩。速度通常以"米 / 秒"为单位。因此，光速的确切数值取决于长度单位"米"和时间单位"秒"的定义。如果用英里和小时为单位进行测量，其值也会相应地发生变化。但物理学家希望尽可能让工作简单，因此统一使用国际单位制。在这些基本单位中，光速的数值约为 300 000 千米 / 秒，具体数值见表 2-3。

表 2-3：部分自然常数（表中部分常数的值为存在误差的近似值，但统一用等号）。与自然规律类似，它们也形成了一种层级。具有单位的常数的数值取决于所采取的单位制，例如国际单位制中的"米"和"千克"。因此，在表示这些常数时，通常省略"自然"一词。关于哪些常数是"基本"的分类也有很多种

名称	符号和数值	单位
光速	$c = 299\ 792\ 458$	$\text{m} \cdot \text{s}^{-1}$
引力常量	$G = 6.674\ 30(15) \times 10^{-11}$	$\text{m}^3 \cdot \text{kg}^{-1} \cdot \text{s}^{-2}$
精细结构常数	$\alpha = 0.007\ 297\ 352\ 564\ 3(11)$	
普朗克常数	$h = 6.626\ 070\ 15 \times 10^{-34}$	$\text{J} \cdot \text{s}$
玻尔兹曼常数	$k_{\text{B}} = 1.380\ 649 \times 10^{-23}$	$\text{J} \cdot \text{K}^{-1}$

（续）

名称	符号和数值	单位
密度参数	$\Omega = 1.000\ 5 \pm 0.006$	
元电荷	$e = 1.602\ 176\ 634 \times 10^{-19}$	C
电子质量	$m_e = 9.109\ 383\ 713\ 9(28) \times 10^{-31}$	kg

一直有实验迹象表明，光速可能在过去数十亿年里发生了变化。也可以想象，在我们所能到达的空间范围内的某些区域，光速会呈现不同的数值。但是，这些猜测都没有得到证实。现在，人们认为光速在所有时间和整个已知宇宙中都是恒定的。

光速是恒定的，但科学无法解释为什么光速的值是 299 792 458 米 / 秒，而不是 30 000 千米 / 秒或 3000 千米 / 秒。同时，科学也无法解释为什么存在这样的速度上限。最后一点可能与以下事实有关：时空是一种物质，其中的质量和能量不能任意快速地运动。但在这一点上，我们又一次来到了知识的边界。

表 2-3 中接下来的两个条目是引力常量 G 和精细结构常数 α。前者是引力强度的量度，后者是电磁力强度的量度。精细结构常数也决定了光的发射[①]。它的值可以通过精密激光测量到小数点后很多位。人们一直在用实验检验它的值是否发生了变化，迄今为止，结果都是否定的。多年来的测量结果表明，精细结构常数在精确到小数点后 10 位甚至更多位的情况下依然保持不变，那么可以推断出，

---

① 精细结构常数决定了电子在不同能级之间跃迁时发射光子的概率、能量等特性。

——编者注

自宇宙大爆炸以来，它最多只变化了几个百分点。然而，这一推断仅适用于自然常数随时间呈线性变化的情况。如果自然常数在宇宙大爆炸后不久迅速变化，然后变化逐渐减缓，那么就不能用今天测量到的几年内的变化情况来推断它在宇宙早期的变化。但不管怎么说，这些实验仍然表明自然常数是恒定的。对远距离天体的测量也得出了类似的结果：根据从它们发出的、在许多亿年前就开始向地球传播的光的光谱信息，可以推算出精细结构常数一直是相同的。有一些微弱的迹象表明空间可能发生变化，但这些迹象尚未被证实或证伪。如果能够确凿地证明一个或多个自然常数随时间和空间变化，则有可能颠覆物理学的世界观。

接下来是普朗克常数 h。如前所述，这个常数代表了宇宙的"像素化"。就像电视机画面的分辨率是以单位面积内的像素数来衡量的，h 给了我们一个衡量现实像素大小的量度。它的单位是能量乘以时间，因此是一种作用量。然而，与屏幕中的像素不同，普朗克常数并不占据空间，而更像是对能量被量子化后的一种描述。同样，角动量也只能是最小角动量量子的整数倍。根据目前的知识，空间和时间本身似乎不能被量子化，但也许是它们的量子太小了，以至于我们还无法发现。

再接下来是玻尔兹曼常数 k。起初它只是气体温度和能量之间的一个比例因子，但在热力学的背景下，它被视为一种基本的自然常数，因为它将能量和熵关联了起来。这使它变得极为重要。正如我们现在所知道的，你可以用能量来换取秩序，而玻尔兹曼常数决定了这种交易的汇率。

另一个被视为自然常数的量是宇宙的密度参数 Ω。质量会使空间弯曲，这不仅在局部范围内成立，而是普适的结论。如果宇宙中的质量密度超过某个特定值，宇宙将弯曲到几乎像一个球体。因此，如果我们一直朝着同一个方向飞行，最终会回到起点，就像在地球表面上一样。科学家使用望远镜寻找那些在一个方向及其相反方向上都能看到的特征星系，但至今没有成功。这意味着，即使宇宙存在弯曲，其程度也是非常微小的，以至于这个理论上的封闭空间的尺度远大于我们所能观测到的空间球体的直径。然而，无论观测结果如何，都可以通过测量确定宇宙的质量密度，并将其与一个假设的平坦宇宙的质量密度进行比较。实际测量值与理论值之间的比值被称为密度参数。它的值非常接近 1，这意味着宇宙是平坦的，因此可能是无限延伸的。当然，我们的望远镜只能观测到自宇宙大爆炸以来光所能到达的范围。

不过，"平坦"这个词也许并不完全准确。这是因为，即使在我们能够触及的最边缘，也就是所谓宇宙尽头，空间曲率也接近于零。但这意味着，在我们可见的边界（光幕）之外，质量密度必须保持在相同的临界值上，因为如果它突然下降，边界处的时空就会像一个盘子的外缘一样弯曲。但事实并非如此。一些研究人员由此推断，宇宙在边界之外依然存在。它必须至少比我们能够观测到的部分大一百倍，这样即使在边界处，其曲率也能几乎为零。

另外两个自然常数是基本粒子的静止质量 m_0 和元电荷 e。随着希格斯粒子的发现，一个遍布整个宇宙的场被证实存在，它为那些在粒子物理标准模型中本没有质量的粒子赋予质量。这个场就像糖浆一样，阻碍了在其中运动的粒子运动状态的改变。与希格斯场相互作用的强度决定了粒子的质量。如果没有相互作用，质量将为零。然而，这个理论目前只能解释质量是如何产生的，但不能解释为什么不同粒子的质量如此不同。因此，粒子的静止质量被视为自然常数。同样，我们也不知道为什么它们的值是现在的大小。电荷的量子化也是如此。像角动量一样，它只以基本单位的整数倍出现，这个基本单位是一个自然常数，被称为元电荷。每个质子和电子分别携带一个这样的量子，只是符号相反。对为什么元电荷是这样的值而不是其他值，物理学目前也没有答案。

最后一个例子是上一章提到的 4 种自然力的相对强度。我们已经看到，强力位居首位，其次是电磁力，其强度约为强力的 1/100。弱力则比电磁力弱几个数量级，而引力则是最弱的力。它们之间的比例关系也是自然常数，而这也是宇宙的基本特征。在第 4 章中，我们将讨论如果这些常数具有不同的值，宇宙会是什么样子。

> **小结：自然常数**
>
> 　　自然常数是确定宇宙具体特征的参数。它们形成了一个数字网络，与自然规律一起控制着所有过程。然而，我们不知道为什么它们是这些值。自然常数很有可能在宇宙大爆炸后的很短时间内就不再变化，并在整个宇宙中保持一致。然而，如果发现它们随时间和空间变化，就有可能彻底改变物理学的世界观。但到目前为止，这方面的迹象还很少。

中间结论：什么是宇宙

　　宇宙由 5 个部分构成：作为舞台的时空、作为演员的基本粒子、使演员能够相互作用的自然力、控制事件发展的自然规律，以及确定具体特征的自然常数。在我们看来，时空就像本章开头提到的鱼所处的水一样，是一种无所不包的物质。我们察觉不到它，但它有质量、能量、压力、温度和流动性。物理学正在追寻时空的本质。希格斯场是时空结构的一部分，长期以来人们推测希格斯场的存在，直到发现其同名粒子[①]。时空是一种物质，包括基本粒子、自然力、自然规律和自然常数。它对我们来说是一个复杂而神秘的结构，但现实就是由这个结构构成的。在接下来的章节中，我们将探

---

① 2012 年，欧洲核子研究中心发现了希格斯粒子。——编者注

讨其更为神秘的方面，同时也会提出问题：是否只有这一种结构，还有其他的吗？

就已经讨论过的宇宙成分而言，物理学正处于生物学曾经所处的阶段：当时的研究人员花费大量时间收集各种植物和动物的数据。这些数据被整理在一起，但无法被解释。生物学家不知道为什么某些生物具有特定的特征。直到后来，查尔斯·达尔文提出了一个可能的解释——对生命多样性的解释。相比之下，物理学还远不能解释现实的多样性。我们无法回答一些看似简单的"为什么"问题：为什么恰好有 4 种自然力在起作用？为什么存在如此多种类的基本粒子？为什么光速不是更快或更慢？

我们已经把宇宙的所有组成部分都集齐了，现在只需把它创造出来。如果我们以实际的宇宙为榜样，那就会带来一声巨响——大爆炸理论是完成现代物理学世界观的最后一块缺失的拼图。

2.6　宇宙是如何诞生的

与宗教类似，物理学也有一个创世故事。人们一直好奇世界从何而来，不同的文化创造了不同的神话，以便为万物的存在找到解释。然而，与巫师和先知不同的是，自然科学必须依据可验证的事实，更准确地说，必须依据实验结论以及已知的自然规律来构建关于世界起源的理论。然而，这种构想总是基于间接证据，因为试图在实验室中创造一个宇宙——具体来说，就是进行一次小型大爆炸实验——是不可行的。这是因为数据可能会不完整，进而导致结论不正确。在这种情况下，我们就像暗星云中的文明：从不充分的间接证据中得到错误的论断。

几十年来，大爆炸理论一直是宇宙起源的既定模型。在物理学中，它被视为**宇宙学标准模型**。根据这一理论，宇宙是在约 138 亿年前的一次大爆炸中诞生的。某种程度上来说，"爆炸"这个术语是个恰当的选择，因为所有的能量和物质最初都在以极高温度、极大密度的状态聚集在一起，之后宇宙就像高压蒸气一样立即开始膨胀。然而，"一个不断变大的小球"的想法是错误的，诸如"大约一秒后，宇宙变得像个柚子那么大"的说法也是荒诞的，因为它们预设宇宙之外存在一个比较标准。小球的设想暗示了一个内部空间和一个外部空间，但宇宙之外的空间是什么呢？对此既没有理论，也没有数据。接下来的表述更为正确，因为它避免了对宇宙大小的讨论。

宇宙学标准模型定义了一个标度参数，它是一种用于测量膨胀的量度。想象一个气球，用黑笔在上面画两个间隔一定距离的点。现在我们向气球里吹气时，两点之间的距离会随着膨胀而增大。从标记点间的距离可以推断出空间信息，而无须知道气球本身有多大。标度参数的概念巧妙地规避了定义宇宙大小的难题。宇宙的大小是未知的，且在任何时候都可能无限大。从数学的角度来看，这是成立的，因为没有任何东西阻碍已经处于无限状态的物体进一步膨胀。这样来说，空间仍然是无限的，但其中的所有物体都在相互远离。正如大爆炸理论所提出的，恒星和星系嵌入在不断膨胀的空间中。新的空间在天体之间不断涌现，这个过程从宇宙大爆炸开始，一直持续至今。

物理学无法回答大爆炸是如何发生的，以及在大爆炸之前发生了什么的问题。塑造宇宙学标准模型的间接证据不能对奇点之前的时间做出任何描述，也不清楚在此之前是否存在时间，因为空间和时间是随着大爆炸产生的。

大爆炸理论的间接证据是三个基本的实验发现。第一个发现是星系退行。20世纪初，人们造出了越来越好的望远镜，发现银河系只是悬浮在虚无中的一个恒星岛屿。后来，人们又在更远的地方发现了类似的结构，最终揭示了一个由数十亿个星系组成的浩瀚宇宙。科学家仔细分析了这些星系的光，发现了一个奇怪的现象：外星系与我们的距离越远，它们远离我们的速度似乎就越快。多普勒效应可以测量这种速度。当一个物体远离观察者时，其特征光谱会向波长更长（更红）的方向移动，这种现象被称为红移。红移是宇宙正在膨胀的第一个决定性证据。基于这一发现，科学家可以倒推宇宙的膨胀过程，结果是大约138亿年前，所有星系都集中在一个点上——大爆炸理论由此产生（见图2-13）。

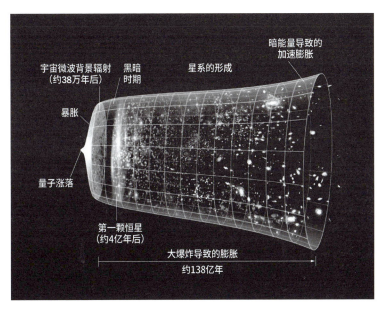

图 2-13：大爆炸理论的简化图示。在约 138 亿年前的大爆炸中，宇宙的直径为零，从数学上来讲，这是一个能量密度无限高的奇点。接着是一个非常短暂的超光速膨胀阶段，但很快就趋于正常。宇宙进一步冷却，大约 4 亿年后，形成了第一批恒星，后来又形成了星系。最初的膨胀在经历长时间的减速后，现在又再次加速。据我们今天所知，这种情况将永远持续下去

　　支持大爆炸理论的第二个发现是宇宙微波背景辐射。最初，当研究人员发现这些从四面八方涌向地球的微波时，他们认为这是探测器的缺陷或无线电发射机的干扰造成的。一个著名的猜测是鸽子弄脏了天线。但事实上，这些微波是宇宙大爆炸残存的印记。在大爆炸发生约 38 万年后，宇宙变得透明。在此之前，宇宙由炽热、不透明的等离子体组成。当时的温度约有 10 000 摄氏度，宇宙像白热的炼钢炉一样发出热辐射。在宇宙变得透明之后，这种热辐射

可以在数十亿年里不受阻碍地传播。从那时起，它就散布在宇宙的各个角落。然而，辐射作为时空的一部分，也会受到膨胀的影响。随着时间的推移，辐射的温度不断降低，现在大约为 2.7 开尔文，略高于绝对零度。因此，它不再是传统意义上的热辐射，而属于微波的范畴。这种以惊人的均匀性从各个方向流向地球的宇宙微波背景辐射，几乎只能用大爆炸理论来解释。反过来，宇宙学标准模型也准确预言了这种辐射的存在：如果发生了大爆炸，我们今天一定还能观测到它的余晖。

宇宙元素的分布为大爆炸理论的正确性提供了第三个也是最后一个证据。通过望远镜对恒星和星际气体的化学成分进行研究的结果表明，宇宙中最常见的元素是氢和氦，它们构成了太阳和太阳系中的气态巨行星——木星、土星、天王星和海王星。与大爆炸理论竞争的一种观点是所谓**稳态理论**。这一理论认为宇宙自古以来就存在。但是，由于恒星是通过氢和氦的聚变产生能量的，因此氢和氦一定会在某个时刻被耗尽。因此，稳态理论无法解释这些元素的主要丰度，而大爆炸理论可以。

在大爆炸后的极早期阶段，产生的质子和中子数量相同，但由于中子不稳定并会衰变成质子，很快就出现了质子过剩的现象。随后温度进一步降低，两个质子与两个中子融合形成了氦核，但这并未改变二者数量失衡的状况。随着温度继续下降，进一步的核反应无法再进行。在这一阶段（专业术语为"原初核合成"），多余的质子最终形成了氢。人们对早期阶段的核聚变反应十分了解，甚至可以相当准确地计算出氦和氢的比例——每三个氢原子对应一个氦原子，这与我们的测量结果完全吻合。所有质量较重的元素，包括碳和氧，都是在很久以后通过恒星内部的核聚变形成的。除了氢和氦的主要丰度，大爆炸理论预测随着宇宙年龄的增长，所有其他元素的相对丰度也会缓慢增加。这一预测也与观测结果一致（见图 2-14）。

图 2-14：宇宙图像。哈勃空间望远镜向一个没有前景恒星的方向观测一周（箭头所指的方块区域）。起初，那里几乎没有任何光亮，但经过长时间曝光后，光斑慢慢变得清晰可见。每一个光斑都是一个完整的星系，而这个星系又包含了数百万颗恒星和数十亿颗行星。如今我们看到的光是它们在很久以前发出来的，那时的宇宙刚诞生不久

根据爱因斯坦的引力理论，物质会相互吸引并形成越来越密集的形态。仅看这点，认为宇宙是永恒的稳态理论就显得不再可信。实验观测进一步表明，星系以团、丝和结的形式组织起来。在它们

之间存在巨大的空洞，即所谓"虚空"。这一观测结果与大爆炸理论相符。后者指出，宇宙在一开始是均匀充满气体的，引力使这些气体凝结成我们今天所观测到的宇宙结构。该过程可以通过计算机模拟重现，例如设定一个充满氢和氦的虚拟空间（见图 2-15）。在计算机中，几天或几周的时间就能模拟出数十亿年的演化过程。模拟产生的结构与宇宙中的巨大空洞和星系结构出奇地相似。这虽然不能直接验证大爆炸理论，但确实体现了理论与实验之间的一致性。

图 2-15：计算机模拟气体在自引力作用下形成的大规模结构。气体最初均匀地分布在整个空间中，模拟结果与事实惊人地相似

在充满高温气体的宇宙早期阶段，为了使物质凝结成上述结构，一定存在着不均匀的、密度较高的区域，这些区域通过自身的引力吸引更多的粒子，并进一步成为后来的星系和星系团的"种

子"。如果大爆炸理论成立，这些不均匀的区域肯定会在宇宙微波背景辐射的温度差异中显现出来。虽然乍一看，无论从哪个方向来的辐射似乎都是相同的，但更精确的测量最终体现了这种差异。来自不同区域的辐射以略微不同的温度到达我们这里，尽管温度差异很小，但足以支持该理论。

令人震惊的是，较热和较冷区域的大小与大爆炸理论的预言完全吻合。根据大爆炸理论，它们应该都有 40 万光年的直径。在使用望远镜拍摄图像时，人们总会关注角度①的大小。当距离和物体的大小已知时，角度很容易计算出来。理论预言暖区和冷区的角度应该各为一度，大约是我们观测到的太阳角度的两倍，事实也正是如此（见图 2-16）。

图 2-16：精确测量从各个方向涌向地球的宇宙微波背景辐射的温度

───────────────

① 物体的上下或左右两端发射或反射的光线在人眼中所成的夹角。——编者注

> **小结：宇宙是如何诞生的**
>
> 　　根据大爆炸理论，宇宙于约 138 亿年前在一个物质密度无限大、温度无限高的奇点中诞生。自那之后，宇宙一直在膨胀和冷却。支撑这一理论的主要证据包括星系退行、宇宙微波背景辐射以及化学元素的丰度分布。其他一些观测结果也提供了支持，例如大尺度结构的形成和宇宙温度的差异。与其他理论相比，大爆炸理论能够解释几乎所有观测结果，因此成为物理学界普遍接受的"创世之说"。人们可能会认为，世界的起源这一问题终于有了答案，但即使是大爆炸理论也有漏洞，某些观点还需要"补丁"，即特定的假设。这些假设对于解释那些可能与该理论不相符的实验观测是必要的。这将是下一章的主题。

总结：物理学的世界观

　　现代科学在持续了数百年的过程中发展出了自己的世界观。这一过程始于经典物理学，它出色地解释了日常生活中的各种现象，并符合我们的常识：时钟在任何地方都走得一样快；粒子就是粒子，波就是波；力学、热力学和电动力学的理论总能发挥作用。但是，还存在一些奇怪且悬而未决的问题。例如，在经典物理学中，未来是确定的。如果已知所有粒子在某个时间点的坐标和速度，就可以计算出未来的所有状态。但这并不符合我们的日常经验，因为我们可以自由决定下一秒要做什么。可见，一些理论观点与实际情况有出入。

如今，在人类日常领域有效的经典物理学只是对一个更为普适的理论的一种近似。这个理论可以解释许多现象，甚至是那些远远超出生活现实的现象，例如黑洞。根据当前物理学的世界观，宇宙由时空、基本粒子、自然力、自然规律和自然常数五个部分构成。自然规律包括量子力学和相对论这些伟大的理论以及阐释宇宙起源的大爆炸理论。总之，现代科学令人印象深刻地广泛且自洽。然而，一些目前难以解释的现象会让人想起经典物理学失效的时期。那么，我们会迎来另一场科学革命吗？在过去 120 年里，我们对现实的认识有了长足的进步，对未知领域的探索也更加深入，但问题仍未减少，我们的想象力也远远落后于数学描述。物理学的模型和理论已经深入现实的某些区域，但人类的理解力跟不上了。

有迹象表明，现实可能比科学触及的领域更为广泛，这就是接下来三章的主题。首先，我们将讨论那些仍然可以在既定理论框架内得到解答的开放性问题。然后再探讨一些复杂的问题，它们有可能颠覆人类辛辛苦苦建立起来的世界观。本书的最后一章将分析信息的作用，因为也许物质和能量并非万物存在的基础——这一观点可能会令人感到不安。

第 3 章

物理学中的未解之谜

在本章中，我们将首次进入未知领域，但只是略微跨过知识的边界，仍在已知部分的视野范围内。接下来要讨论的是那些目前虽无法解释，但物理学家自信地认为在可预见的未来可以在已知的理论框架内解释的现象。在此过程中所作出的发现不太可能颠覆如今的世界观——至少这是大多数科学家所期望的。人们继续探索未知，但有一种感觉，即知识边界之外的现实不会与我们目前熟悉的现实有很大的不同。当然，这种感觉也可能是错误的。这就相当于暗星云文明中的一颗卫星比以往任何一颗都更深入尘埃。它也许会突然进入自由空间，并在那里发现数十亿计的恒星和星系。本章讨论的问题引发一场革命的可能性微乎其微。如果物理学家能找到问题背后的答案，它们可能仍然符合既定的世界观——但将使我们能够逐步迈向更神秘的问题。

3.1　引力波

引力波是一个很好的例证，它展示了知识边界如何缓慢地向未知领域推进。如今，引力波不再是未解之谜，因为它在 2015 年被实验发现。当然，这只是一个小小的进展，因为爱因斯坦在大约 100 年前就预言了它的存在。根据爱因斯坦的理论，时空是一种奇特的弹性四维结构，类似于坚硬的橡胶。它可以变形和振动，但要真正做到这一点需要巨大的能量。

正如我们所知，质量可以使时空弯曲。当有质量的物体处于运动状态时，它们也会激发出以光速传播的振动。然而，这些振动通常非常微弱，只有当宇宙中发生重大灾难性事件，如中子星并合或黑洞碰撞时，才能激发强度可测量的振动，即引力波。当这些质量极大的物体相撞时，它们会在几百万甚至几十亿光年的范围内撼动整个时空，由此产生的引力波呈球形扩散，以光速传播，并最终经过地球。所有物体，包括行星本身，都会短暂地在一个方向上被压缩，在另一个方向上被拉伸。

迄今为止，在地球上能够探测到其引力波的宇宙事件，都发生在数十亿年前的遥远星系。由于距离极远，当引力波到达我们这里时，振动已经变得非常微弱了。这意味着在一千米或更远的距离上，其引起的时空形变只有质子直径的千分之一。探测如此微小的形变是一个巨大的挑战，但物理学家成功了，这几乎可以称为奇迹。2015 年，美国的引力波探测器检测到了由两个质量极大的黑洞并合引起的时空振动。可探测到的振动只持续了不到一秒，经计算机处理后听起来像鸟儿发出的短促啁啾声。事实上，这个首次被探测到的事件中所释放的能量，比可见宇宙中所有恒星发出的能量总和还要多。据估计，这一事件的发生地与地球的距离超过 10 亿光年，但遗憾的是，探测器无法确定它的确切位置。引力波的存在进一步表明时空是一种实体，因为它可以振动。

3.2　伽马射线暴

通常情况下，大气层保护我们免受来自宇宙的 X 射线和伽马射线的伤害。这就是为什么只有在空间望远镜出现后，人们才能更详细地研究那些被称为"伽马射线暴"的高能量、短时间的辐射爆发。在它们存在的几秒或几分钟内，释放的能量甚至比最亮的超新星爆发还要高出数百万倍。超新星本身就是极其强大的能量源，其亮度可以短暂超越整个星系，并持续闪耀数周甚至数月之久。长时间以来，没有物理机制能够解释伽马射线暴的巨大能量。它们的持续时间非常短，只有在极少数情况下——当恰好有一台望远镜指向正确的方向时——它们才能被观察到。如今，人们采用了一种警报系统：一旦特殊的 X 射线望远镜探测到伽马射线暴，所有可用的光学设备都会立即对准它。这样，人们就可以将该现象与可见的宇宙天体联系起来，从而在超新星爆发和恒星坍缩的理论框架内得出了一个惊人的简洁解释。

这个解释指的是在大质量恒星坍缩的瞬间会产生定向的能量辐射。这一过程由非常强的磁场驱动，从而使 X 射线和伽马射线聚焦成紧密的束流。如果地球恰好位于这样一束束流的传播方向上，就可以观察到耀眼的伽马射线暴。然而，后者的能量并没有最初估计的那么大，因为它是定向辐射的，而最初认为能量是向各个方向均匀辐射的，所以才得出了非常高的能量值。基于定向辐射的解释，实际测量得到的数据就说得通了：如果辐射是聚集的，那么只需相对较少的能量就能解释地球上的观测结果。但这仍然只是一个有待证实的解释。因此，第一个未解之谜或许将在物理学框架内得到令人信服的解答。但随着后续问题的深入，解答的难度将变得越来越大。

3.3 希格斯粒子

粒子物理学的标准模型有个问题：它无法解释粒子为什么有质量。在这个基于量子物理学和一些对称性假设的基本理论中，质量这一性质根本就不存在。然而，实验测量显示，大多数基本粒子显然具有质量。这如何能自洽呢？在这一点上，有必要区分两个概念：一方面，粒子在不运动时仍然具有静止质量或惯性质量，这类质量可以抵抗速度的变化；另一方面，根据爱因斯坦的理论，由于能量和质量的等价性，粒子还具有相对论质量。标准模型的挑战在于静止质量，因为它破坏了该理论的基本对称性。事实上，在静止质量方面也看不到任何系统性，因为粒子的质量是一些看似任意的值。

希格斯场是解决这一难题的一个思路。早在 20 世纪 60 年代，包括彼得·希格斯在内的几位研究人员就为了解决质量问题而提出了希格斯场（见图 3-1）。通过与希格斯场的相互作用，大多数基

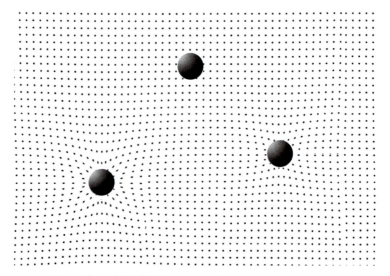

图 3-1：希格斯场（小圆点）充满整个宇宙。不同种类的粒子与之相互作用的强度各不相同：光子（上方大圆）没有静止质量，因此不会使场发生扭曲；小质量的电子（右方大圆）会使场稍微扭曲；而重粒子（左方大圆）则会使场发生显著扭曲。这种相互作用的结果产生了所谓惯性质量

本粒子获得了质量，而后它们的运动就像在糖浆中移动一样[1]。希格斯场被认为像早期的以太[2]一样充满整个宇宙。这样，质量问题被简化为一个耦合问题，并且可以通过一个理论机制来解释质量是如何产生的。

在很长一段时间里，希格斯场备受争议，甚至有人对其嗤之以鼻。因为这个场理论上是无处不在的，所以与广义相对论之间存在明显的矛盾。实际上，整个基本粒子理论都面临着类似的困境。量子物理学干脆不考虑引力，理由是作为一种自然力的它太弱，无法在微观尺度上产生可观测的影响。

尽管批评者都对这个场持怀疑态度，但在 2012 年，欧洲核子研究中心（CERN）通过实验成功地发现了希格斯场的场量子。不久之后，和希格斯场有关的基本理论便被授予了诺贝尔物理学奖。这一发现——与证实光子是电磁场的场量子类似—— 是重大的。它符合本书第 2 章的思考，即真空具有物质性。因此，至少其中一部分似乎具有希格斯场的特质。然而，人们尚不清楚它是否确实等同于希格斯场，也不知道为什么它与某些粒子相互作用很强，而与另一些粒子相互作用较弱或者根本没有相互作用。很明显，物理学的一个悬而未决的问题通过一种新型的、充满宇宙的场的存在得到了解答。

---

[1] 由于质量的存在，物体运动状态的改变将会受到惯性的阻碍，因此会表现为移动受限。——编者注
[2] 早期人类认为以太是一种充满整个宇宙的介质，光通过以太传播，但相对论的提出彻底改变了人们对时空的认识，以太的概念也被摒弃。——编者注

然而，这个解答引发的新问题比它解决的问题还要多，例如希格斯场可能是由不同场重叠组成的现实结构的一部分。

3.4　标准模型的 19 个自由参数

自然科学的一个目标是正确预测实验结果或自然事件。因此，从古代到近代，人们仍然对日食的预测时间可以精确到秒或至少精确到分钟感到震撼。天文学家和预言家因此几乎获得了神的地位，仿佛他们拥有掌控自然和天体的力量。然而，他们也会经常犯错，例如预测的事件并未发生。这时人们会归咎于计算错误或理论中的错误参数——这些参数还需要更精确地调整。一旦涉及用可自由选择的参数来调整预测以适应现实，我们其实就进入了炼金术的领域。哪怕是一个荒谬的理论，只要它包含足够多的自由参数，就迟早会与现实相符。这同样适用于现代科学：人们只是不断地调整预测曲线，直到它与测量曲线相吻合。因此，如果理论需要许多可调整的参数才能使其预测与实验结果相一致，那么这些理论就需要被批判性地看待。

在**从头计算法**（abinitio calculation）中，人们试图在没有自由参数的情况下描述现实，一个例子是薛定谔方程。对于最简单的原子，即氢原子来说，这个量子物理学的核心微分方程可以在不调整参数的前提下精确预测出它的可测量性质，例如电离能。但这其实是没有意义的，因为 13.6 电子伏特的电离能只是个数值。如果另一种理论预测出了错误的值，例如 54.4，并且这个理论中有一个可自由选择的参数 x，那么通过改变 x 的取值就可以纠正这个错误。因此，即使是最荒谬的解释也能给人一种有理论依据的印象。然而，在严肃的物理学理论中，不应该有任何可以自由选择以使其结果适应现实的东西——我们只有自然规律和自然常数。只有这样，我们才能更严格地从事自然科学研究。

在这些批判性的话语之后，人们可能会惊讶地发现，粒子物理学的标准模型虽然能解释它所涉及的总共 12 种基本粒子[①]，但需要 19 个自由参数来进行适当的调整。当然，仅凭这一事实并不能否定该模型的有效性，但仍然会让人觉得，一个理论为了与实验一致而需要的参数比它试图解释的事物种类还多，那它应该是不完整的。标准模型是现代物理学的主要支柱之一，但许多研究者持有一个看法，那就是它需要如此多的参数这一事实是个严重的问题。也许，类似于暗星云中的文明，粒子物理学家还没有把握现实的全貌。

3.5　微型黑洞

星系是由恒星和星际气体构成的巨大盘状结构，它们围绕中

---

① 在这里指的是 12 种费米子，包括 6 种轻子和 6 种夸克。——编者注

心的超大质量黑洞旋转。就我们的银河系而言，中心黑洞的质量相当于 400 万个太阳。从理论上讲，黑洞的大小既没有上限也没有下限，关键在于其密度。它们必须被压缩到足够小的空间内，使引力强大到连光都无法逃脱。原则上，即使天体的质量远小于太阳，只要压力足够大，也可以形成黑洞。因此，理论上来说，微型黑洞是有可能存在的。但实际情况如何呢？根据目前的理论，普通黑洞首先是由大质量恒星坍缩而成的。这些巨星的引力非常强大，以至于其中心的气体被压缩成一个点，即奇点。没有任何东西能够抵抗这种巨大的引力（压力）。因此，黑洞——至少是我们目前所理解的黑洞——其质量至少需要达到一个太阳的质量。

我们实际上面临两个问题：微型黑洞是否存在？如果存在，它们是如何形成的？关于它们的起源存在一些理论。例如，一种理论认为，大爆炸后不久的条件有利于微型黑洞（所谓"原初黑洞"）的形成。当时的宇宙处于高度压缩状态，在这种状态下，随机的密度波动可能会在某处产生巨大的压力。因此，微型黑洞的形成是有可能的。但是它们真的存在吗？

证实微型黑洞存在的经典方法是通过望远镜进行观测。根据一个广为流传的观点，微型黑洞漫游于宇宙中，并在途中造成严重破坏，因为它们会吸收所有物质。这种吸收的过程应该会产生强烈的辐射，涉及所有波长范围，理论上应该很容易被观测到。然而，迄今为止还没有观测到这样的事件。我们确实观测到了一些突发的 X

射线和伽马射线脉冲，但其可定位的源头从未被确认为微型黑洞。
而且，目前仍然无法确定后者是否会留下破坏的痕迹，因为从理论
上讲，它们的直径可以比原子核的直径还要小。在这种情况下，它
们与物质（例如原子核）相遇的概率极低。对于这些微型黑洞，甚
至有人预测哪怕它们穿过地球也不会引起我们的注意。它们是如此
微小，以至于可以在原子之间穿行。

这使它们成为 WIMPs（英语中的原意为"弱者"），即"弱
相互作用大质量粒子"的候选者。WIMPs 是 "weakly interacting
massive particles" 的缩写，它与我们稍后将详细讨论的另一个未解
之谜有关。事实上，如果微型黑洞确实只与物质发生微弱的相互作
用，它们可能会造成额外的引力效应，这种效应目前被归因于暗物
质。然而，在这种情况下，应该会有大量微型黑洞存在，而它们尚
未被发现的事实似乎不太合理。因此，关于它们存在与否的问题仍
然没有答案。

3.6　霍金辐射

物理学面临的一个重大未解问题是引力理论与量子理论的不
相容。一旦引入引力场，我们关于微观世界的理论体系就会崩塌。
这两个领域的数学描述完全无法融合。几乎可以认为，宏观世界
和微观世界遵循不同的自然规律，而且它们是不相容的。然而，

由于前者建立在后者之上，所以这肯定是不对的。两个世界的理论体系必须以某种方式相容，只是我们还没有找到方法来实现这一点。

一种解决思路是第 2 章中提到的霍金辐射。从相对论的角度来看，黑洞是全"黑"的，没有任何东西可以从中逃逸，连光都不行。这与其说是由于强大到能把所有东西都吸引过来的引力，不如说是因为（至少从外部看）时间停止了。因此，在黑洞内部什么都没有发生。如果什么都没有发生，也就没有什么能够逃脱。这个结论在很大程度上被认为是可靠的。

然而，黑洞可能会发出一种热辐射。据推测，这是由于其表面附近存在量子力学过程。在这一过程中，时间并没有完全停止，而只是变得缓慢。为了满足熵增的自然规律，霍金预言了这种极微弱的辐射的存在。熵总是增加而永远不会减少。因此，如果某个物体——比如一本书——掉入黑洞，该物体的熵将永远消失，但这是不可能的。因此，黑洞的熵必须增加。从外部来看，黑洞具有质量、角动量和静电电荷。但仅凭这 3 种特征不足以满足熵增的自然规律，还应该存在其他外部可观测的特征。霍金认为黑洞会发出一种微弱的热辐射，也被称为黑洞辐射，因此，黑洞还具有温度。如果这一理论正确，那么问题就来了：黑洞怎么可能发出辐射呢？

相关的解答基于真空涨落，这是第 2 章中提到的量子现象。根据时间-能量不确定关系，真空中不断形成粒子-反粒子对——主要是光子——然后又立刻消失。当这样一对粒子在黑洞表面附近产生时，可能会朝相反的方向飞行。一旦其中一个穿过事件视界，它对我们来说就消失了。剩下的粒子没有反粒子与之结合，就会成为一个真实存在的粒子并逃逸到宇宙中。这样一个过程的净效应就是黑洞辐射（见图 3-2）。辐射所需的能量来自黑洞自身的质量，这就是为什么黑洞会以几乎难以察觉的缓慢速度变轻。然而，黑洞又在持续不断地吸收物质，例如宇宙微波背景辐射中的光子。因此，霍金辐射造成的质量损失非常小，几乎可以忽略不计。

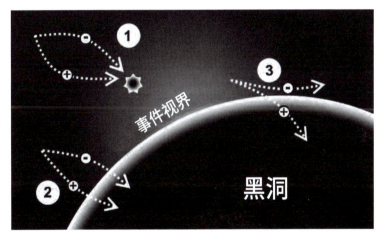

图 3-2：黑洞辐射的基本过程发生在事件视界处。虚的粒子–反粒子对在短时间内不断产生。在过程 3 中，两个粒子中的一个偶然飞入黑洞并消失，另一个粒子必须成为真实存在的粒子。能量从黑洞以热辐射的形式释放出来

霍金的理论是微观世界通向宏观世界的一座桥梁。他还计算出黑洞的温度取决于其大小：体积越小，温度越高。因此，小型的黑

洞应该会发出强烈辐射并不断失去质量。在某一时刻，它们会达到最小值，最终在爆炸中完全消失。天文学家一直在寻找这种现象，但没有找到处于生命尽头然后爆炸消失的小型黑洞存在的迹象。这也是一个尚未解决的问题。

3.7　反物质

后来被称为"反粒子"的东西，最初只是理论的预言。该理论具有正负两种符号的解，后者似乎与现实无关，因此在很长一段时间里被视为无意义的解。但后来人们发现了电子的反粒子——正电子。正电子具有和电子完全相同的质量和自旋角动量，但带正电而不是负电。当正负电子接触时，会相互湮灭并释放能量。反之，通过消耗能量，可以凭空产生电子-正电子对。它们总是成对产生且最终会再次湮灭，因为所有过程都受到粒子数守恒、电荷数守恒以及角动量守恒的限制。对于粒子数来说，一个粒子计为正，一个反粒子计为负，因此总的粒子数为零，就像在产生粒子-反粒子对之前一样。现在我们知道，每种基本粒子都有对应的反粒子。

长期以来，科学界流传着这样一种假说：宇宙中可能存在反物质区域，甚至存在由反物质构成的恒星和行星。如果一艘由普通物质构成的宇宙飞船不小心进入这些区域，将发生毁灭性的爆炸。然而，尽管科学家进行了详尽的搜索，却始终未能找到这样的区域。

如果它们存在，我们应该能观测到强烈的辐射——因为星际空间充满了气体原子和尘埃，当它们与反物质在边界处相遇时，会发生剧烈的湮灭反应。因此，科学界已经基本确认这类区域不存在。但为什么它们不存在呢？反物质的缺失是物理学中最大的谜团之一。

　　根据大爆炸理论，宇宙在诞生之初，能量以纯辐射的形式存在。随后，从这些能量中形成了粒子-反粒子对，但它们又立即相互湮灭。然而，显然还剩下一定数量的普通物质，否则我们就不会存在。这意味着一定有过量的粒子找不到反粒子与之配对。根据目前的观点，这种不平衡非常微小。在大爆炸中产生的每 10 亿个粒子中，平均只有一个没有与反粒子湮灭成能量。这听起来很少，但仍然表明物质和反物质之间存在不对称性。一种可能性是，在粒子和反粒子产生时，前者的数量略多于后者。然而，这种情况不太可能发生，因为这将违反基本的守恒定律。另一种可能性是，一些反粒子在与它们的对应粒子湮灭之前就发生了衰变。在早期宇宙的极端高温下，产生了许多不稳定的粒子。因此，如果反粒子比它们对应的粒子稍微快一点衰变，这些粒子就会留下来。而这——或者类似的情况——很可能就是事情的真相。

　　在深入研究的过程中，科学家确实发现了两种衰变速率略微不同的粒子。它们是特殊情况，在此就不一一详述了。此外，这些差异太小，无法解释宇宙中物质占主导地位的现实。但是，既然已经存在两种具有不同衰变速率的粒子，那很有可能在未来发现其他事实，从而在现有物理学的世界观下解决反物质的缺失问题。其他问题则有更大的潜力来颠覆我们对现实的认知，其中包括暗物质和暗能量，我们将在下文中探讨这些问题。

3.8　暗物质

上一章已经解释过，众多观测迹象和实验结果证实了大爆炸理论的正确性。因此，令人惊讶的是它只能解释宇宙中大约 5% 的物质——剩下的部分是未知的。前者包括所有的星系、星云、恒星和行星。常见形式的能量、神秘的中微子、黑洞以及其他被偶然发现的事物也在其中。在未知的部分中，约四分之一是所谓暗物质。这里的"暗"并不一定意味着它是黑暗的——我们并不知道——而只是表明它的性质神秘。显然，宇宙中存在其他额外质量，目前只有它们的引力才能指示其存在。尽管人们进行了大量的探索，但这种引力的源头仍然未知。关于其背后可能隐藏着什么，有许多假设——从微型黑洞和磁单极子到未知的基本粒子（如前面提到的弱相互作用大质量粒子），再到暗星。但它们又都被否定了。

暗物质的效应在许多地方有所体现，其中最具代表性的是星系的旋转曲线。像银河系这样的结构是巨大的恒星岛，它们像旋转的圆盘一样悬浮在虚空中。经过数十亿年，物质在自身引力的作用下凝聚成巨大的云团，并形成旋涡状的壮观星系。自大爆炸以来，这些星系只旋转了几圈，因为它们的旋转速度极其缓慢。我们的太阳绕银河系中心公转一周需要约 2 亿年。在宇宙诞生约 138 亿年的时间里，太阳可能只旋转了大约 50 圈[①]。

恒星围绕星系中心运行的速度是可以被测量的。对于太阳来说，这个速度约为 220 千米 / 秒。这个速度随着物体离中心的距离增加而逐渐减小，因为运动沿着圆周轨道的前提是向外的离心力等于向中心的引力。然而，根据牛顿万有引力定律，后者与距离的平方成反比。因此，更靠近边缘的恒星绕中心的速度应该更慢。这同样适用于太阳系中的行星：地球绕太阳运行的轨道速度约为 30 千米 / 秒，而土星的速度只有地球的约三分之一。

以上是理论，但实际情况是：星系外部区域的恒星旋转得太快了。根据我们对物理规律的认识，在如此高的转速下，星系早就应该分崩离析了。因此，一定存在额外的引力作用来平衡旋转恒星产生的巨大离心力。研究人员现在认为，星系的质量比依据观测到的恒星和气体云等物质所推测的质量要大。

通过对天体运动的精确分析，我们还可以推断这种未知物质的分布情况：星系似乎嵌入在一个巨大的暗物质球体中。这与可见物质不同，暗物质并没有形成扁平的盘状结构。

暗物质的引力效应在宇宙中的其他地方也有体现。例如，像星系团这样的巨大结构可以像光学透镜一样聚焦来自遥远星系的光，

---

① 太阳的年龄约为 46 亿年，作者的表述没有考虑到这一点。——编者注

使得这些光沿着不同的路径来到我们这里（见图 3-3）。这种被称为**引力透镜**的现象就像一个透镜将远处的图像扭曲成圆圈和弧线，后者在专业术语中被称为**爱因斯坦环**。根据计算，如果不假设存在暗物质形式的额外质量，就无法解释这种效应。

图 3-3：图中心的明亮星系 LRG 3-757 的质量约为银河系质量的 100 倍。它使位于其后方更远处星系发出的光发生弯曲，从而形成一个光环。利用引力透镜效应，我们可以测量该星系和暗物质的总质量

计算机模型可以帮助我们分析星系团中总质量的分布。结果令人惊讶：在星系所处的位置广泛分布着球状质量团，其规模远远超过星系本身。因此，整个星系也被暗物质云所包围。引力效应为暗物质的存在提供了直接证据，并表明它包围着所有大质量的宇宙物体，包括地球。我们得出了这些结论，但仍然不清楚暗物质的确切性质。

　　第三种需要假设存在未知的引力源才能解释的现象，涉及宇宙中大型结构的形成速度，这些结构最初由近乎均匀分布的气体演化而来。如果在大爆炸之后的某个区域随机出现稍微密集的气体聚集，就会产生比周围更强的引力场，从而不断吸引物质，最终将弥散气体凝聚成我们如今观测到的恒星及恒星之间的巨大空洞。这个过程也可以在计算机模拟中进行。然而，模拟结果表明，如果只有已知的物质参与其中，时间是不够的，因为模型中的引力作用太小。如果没有暗物质这种额外的引力源，那么形成今天可观测到的大型结构所需的时间将远远超过 138 亿年。只有引入暗物质，模拟结果才能与实际相符。因此，暗物质对我们的宇宙来说非常重要，从某种意义上说，甚至比已知物质更重要，但它仍然是一个绝对的谜团。

3.9　暗能量

　　如果暗物质被证明是一种新的、尚未被发现的基本粒子，那它可能对物理学的世界观产生重大挑战，因为科学家不得不据此重建现有理论体系。但与暗能量带来的问题相比，这仍然算不了什么。暗能量约占宇宙物质和能量的三分之二（见图 3-4）。在这里，"暗"依然代表其未知的性质，而非字面意义上的属性。与暗物质类似，我们只能通过其间接效应来确定暗能量的存在。更准确地说，我们只观察到了一种效应：宇宙正在加速膨胀。

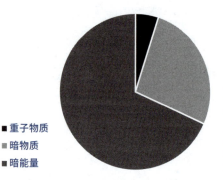

■ 重子物质
■ 暗物质
■ 暗能量

图 3-4：能量和物质共同构成了宇宙的物质内容，其中只有约 5% 是已知的。大爆炸理论建立在对以恒星、星云和行星等形式存在的重子物质的观测基础上，但它（目前）无法解释宇宙的主要组成部分——暗物质和暗能量

　　根据原来的理论，自大爆炸以来，宇宙的膨胀速度应该是持续降低的。减速源于物质间的引力。在宇宙更年轻、更致密的时候，这种观点是合理的，至少是目前可接受的推论。然而，几十亿年前，情况发生了改变，自那时起，宇宙的膨胀再次加速（见图 3-5）。这个过程需要能量，虽然能量从何而来尚不可知——"暗能量"由此得名——但所需的能量是可以计算出来的。结果显示：暗能量约占宇宙全部物质的三分之二。

　　没人质疑加速膨胀这个事实，因为有测量数据的支持。这类测量的基本原理是：看向远方实际上是在看向过去。如果宇宙的膨胀速度在数十亿年间是恒定的，那么星系远离我们的速度和它们与我们的距离之间应该存在正线性关系：它们离我们越远，就应该越快地远离我们。然而，如果膨胀速度在某个时刻发生了变化，那么距离和速度之间的关系将不再是线性的。数据的分析相当复杂，部分原因在于确定遥远星系的准确距离很困难，但科学家最终还是取得了成功。他们得出结论：在大爆炸后的最初几十亿年里，宇宙的膨胀速度一直在降低，但此后逐渐增加。这些测量结果完全推翻了关于宇宙由什么组成的旧观念。如今，人们相信大约三分之二的宇宙物质是暗能量，但暗能量本身是未知的。

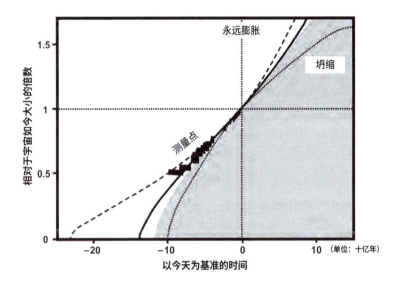

图 3-5：遥远星系的天文数据（带误差条的测量点）证明了宇宙的膨胀再次加速。测量结果接近实线，该实线描述了一个永远膨胀的宇宙随时间的演化。点线表示一个大质量的宇宙，它在某个时候会再次坍缩，而虚线表示一个小质量的宇宙，它会迅速膨胀。这些测量点是暗能量存在的重要证据

　　暗能量到底是什么呢？一种观点认为，真空具有物质性。它具有能量、质量、温度、压力以及流动性。宇宙膨胀从最初的减速到加速的转折可以归因于星系之间不断增长的真空区域。如果真空能产生表现为排斥力的压力，那么更大的距离会产生更多的真空，从

而产生更强的排斥力。总的来说，这有点儿像是时空自身的反引力——这是对宇宙加速膨胀的一个合理解释。然而，由真空涨落产生的卡西米尔效应中的压力，比能够解释这一现象所需的压力大约高了 10^{100} 倍。这一偏差堪称整个物理学中理论和实验之间最显著的差异，其根源可能在于星系之间巨大的真空。

也许暗能量实际上是真空或者更准确地说是时空的一种特性，但其影响只有在距离非常大的情况下才会显现出来。这样一来，它给物理学带来的谜团比暗物质带来的还要大。

3.10   暴胀、视界问题和平坦性

利用最先进的望远镜，我们可以望向宇宙的尽头——从某种意义上说，我们的视野不会超过自大爆炸以来光所能传播的范围。宇宙的年龄约为 138 亿年，因此我们在各个方向上只能看到约 138 亿光年远。在某种程度上，我们已经到达了尽头，但同时也回到了起点，因为通过望远镜观察就是一次回到万物起源的旅程。物体离我们越远，在我们眼中它们就越年轻。例如，我们看到的 100 亿光年外的星系是它们在大爆炸后 38 亿年的样子。然而，我们用望远镜可以观测到的最大距离存在一个原则性的限制。如果我们能够看到 138 亿光年远，应该能发现类似一道闪光的大爆炸。但事实并非如此，因为早期的宇宙由炽热而不透明的等离子体构成。在它诞生约

38 万年后，空间才变得透明，最早从这个时候起，我们才能用望远镜观测宇宙。为了能够探测到遥远天体发出的极其微弱的光，我们的设备必须非常灵敏。

令人惊奇的是，无论我们往哪个方向看，总是看到相同的东西。这并非指相同的星系，而是在多样性中的一种普遍的同质性。在大尺度上，我们的宇宙看起来惊人地相似，就像图 2-15 中的计算机模拟一样。此外，哪怕精确到小数点后 4 位，宇宙微波背景辐射在几乎所有地方的温度都相同。因此，整个宇宙处于热平衡状态。根据物理规律，这一事实要求如今相距很远的区域在过去某个时刻一定有足够充分和长时间的接触，从而实现这种平衡。这在今天是不可想象的，因为即使是从我们的角度看处于相反方向的、距离极远的区域，也几乎具有相同的温度，所以宇宙在某个时刻一定有机会使这些区域达到热平衡。在物理学中，关于这是如何发生的问题被称为视界问题。

这个问题的离奇性可以通过以下例子来说明。假设你去拜访你的朋友，并带了一个非常精确的温度计。朋友家的客厅温度为 21.5473 摄氏度，不冷也不热。这个数值让你感到熟悉，于是你在温度计上检索了前一天晚上自己家中的温度，显示屏上出现了 21.5473 摄氏度。你可能会惊讶于这两个数值如此精确地一致——也许只是因为你们都用了相同的空调。但当你第二天飞往佛罗里达，在迈阿密的酒店入住并再次测量温度时，结果又是完全相同的 21.5473 摄氏度。在地球上，这个现象只有一个解释：你的温度计存在软件错误，需要重新启动。在宇宙中，我们观察到类似的现象，但这绝对不是测量设备造成的：不同区域的温度非常接近。

那么宇宙是什么时候实现这种热平衡的呢？理论物理学只能用一个补丁来解决这个问题并拯救大爆炸理论，因为后者无法单独解释温度的均匀性。于是，人们在宇宙创生的故事中引入了一个**暴胀阶段**，并提出了以下论点：如果自大爆炸以来，宇宙一直以近乎光速不断膨胀，那么可以反推得出距离总是太大，时间总是太短，以至于无法形成热平衡。因此，在某个时刻，可能在早期阶段，宇宙的膨胀速度肯定要快得多。根据这个理论，这种膨胀被认为是一个额外的、持续时间极短但超光速的扩张阶段。在暴胀之前，宇宙是一个处于热平衡的致密气球。暴胀之后，产生的空间区域虽然彼此脱离了联系，但仍然具有完全相同的温度。

在我们的宇宙中，没有任何东西的速度能比光速快，但宇宙自身的膨胀可以。这并不牵强。一个限速 30 千米每小时的村庄，仍然以数千千米每小时的速度绕着地轴旋转。参考系是关键因素，宇宙膨胀也是如此。因此，暴胀与相对论并不矛盾。

按照普遍的观点，宇宙的暴胀始于大爆炸后约 10^{-36} 秒，并在大爆炸后 $10^{-33} \sim 10^{-30}$ 秒内结束。在这个过程中，宇宙的半径膨胀了约 10^{26} 倍。请注意这些指数符号：时间间隔极其微小，而膨胀程度却极其巨大。这个超光速膨胀阶段由一种被理论重新定义的场——

暴胀场——驱动。关于这个场的特性以及这个过程的短暂持续时间存在多种理论，但讨论这种相当深奥的内容将超出本书的范围。

因此，暴胀理论是一个必要的扩展，一个补丁，以拯救大爆炸理论——物理学的官方创世故事。在这一点上，我们必须提出一个问题，即自然科学究竟是什么。哲学家卡尔·波普尔将可证伪的可能性作为区分自然科学与其他思维方式的决定性标准：只有当我们原则上能够通过实验来反驳一个理论时，才能认为在进行自然科学研究。然而，物理学的某些部分是不可证伪的。这包括前面提到的弦理论和圈量子引力理论，也包括暴胀理论。也许这些纯粹的理论描述了现实，也许它们只是虚构的，但我们无法找到答案。暴胀理论与本书开头故事中的"原初洞理论"并非偶然地相似：暗星云中的科学家必须想出一些东西来解释他们世界的起源，尽管由于自身所处的位置，他们没有机会找到真相。回到我们自身，这并不是说暴胀阶段不存在，但是从外部看，这样一种探索性的尝试有些让人绝望。借助希格斯粒子，人们至少找到了一个迹象，即像暴胀场这样无处不在的场可能确实存在。但是，这种新粒子的发现是否足以证明大爆炸后不久的超光速膨胀阶段存在，还远不清楚。

无论是否感到绝望，我们都必须承认，暴胀理论对解释第 2 章讨论自然常数时提及的"宇宙平坦性"现象还是非常有帮助的。由于质量可以使空间弯曲，因此可以假设整个已知宇宙是弯曲的，但事实并非如此。对宇宙微波背景辐射的详细分析表明，宇宙是绝对平坦的。密度参数 Ω 非常接近 1，这意味着每立方米约 3 个氢原子的平均物质密度几乎与构成平坦宇宙所需的临界值完全一致。在我们的周围环境中，或者说在太阳系、小行星带以及星云中，密度当然要高得多，但在星际空间中，这些异常值被巨大的空洞（几乎找不到原子的巨大空间）所抵消。

很难说清楚我们在这里所面对的巨大数量级。假设地球只是一粒直径为 1 毫米的尘埃，那么在这种比例下，太阳系就相当于一个大型体育场，但银河系的直径依然巨大，约为地月距离的 200 倍。当面对宇宙时，任何与我们日常事物进行的类比都会失败。

为什么宇宙的每立方米中都有适量的原子散布呢？暴胀理论提供了一个答案。通过超光速膨胀，时空几乎被"拉平"了。从表面上看，当我们用力拉某样东西时它会变平，但这种想法能适用于整个宇宙吗？似乎有些奇怪。

从可观测宇宙的平坦性中可以得出一个结论：为了使我们的空间球体在其边缘也不弯曲，空间球体边缘外侧区域的质量密度必须保持恒定。科学家推断，恒定的质量密度在我们的空间球体之外至少延伸了 100 倍球半径的距离。这也与暴胀理论相符，因为如果宇宙在一开始时就以超光速膨胀，那么我们的空间球体外一定存在巨大的区域。因此，边缘之外可能还有更多的谜团。关于在那里可能存在什么东西的问题，我们将在下一章中进行一些思考。

3.11　量子引力理论

物理学家一致认为，他们需要一个量子引力理论来完整地解释大爆炸。微观世界必须与宏观世界结合起来，而这也是大爆炸时的情况：极小的空间具有极高的质量密度。量子效应和广义相对论效应相互平衡，共同决定了宇宙在特定状态下的物理性质。但我们现在知道，描述微观世界与宏观世界的理论并不相容：量子理论中既不存在空间弯曲，也不存在引力；反过来，广义相对论中也不存在量子。

这两大理论体系都以解释时空的特性为目标。量子理论是粒子物理标准模型的基础，而基本粒子只不过是时空的旋涡，因此时空也是 3 种自然力（通过虚粒子交换来传递）和量子物体（具有波粒二象性和不确定性关系）的基础。归根结底，量子理论是一种描述了时空部分方面的理论。广义相对论也是如此。它通过将引力解释为时空的弯曲，构成了我们理解引力的基础。现代物理学的两大支柱从不同的角度描述了同一个对象，但不能从根本上结合在一起。我们对时空的某些重要特性可能还没有理解到位，这也许是物理学中最严峻的问题——它的答案有可能彻底改变我们看待事物的方式。

总结：物理学中的未解之谜

在上一章中，我们大致勾勒了现代物理学的世界观。这给人一种一切都完美地契合在一起了的印象：研究者已经探索了现实世界的大部分，并能够解释所有相关现象。但这只是乍一看完美，仔细观察就会发现许多不明确的地方，而这便是我们在本章中讨论的问题。我们的讨论从最近解决的问题和很可能即将解决的问题开始，而后变得越来越复杂。对于暗物质和暗能量的本质，物理学还没有一个令人信服的结论。为了解决视界问题，甚至需要引入看似奇怪的暴胀理论。从卡尔·波普尔的观点来看，像这样的补丁不是自然科学，因为它无法被实验证实。正如关于暗星云中文明的故事所指出的，我们的世界观仍然不完整。就像夏洛克·福尔摩斯侦探小说中的情节一样，即使是最细微的线索也有可能推翻整个理论。

在接下来的章节中，我们将讨论那些动摇物理学世界观的话题。为了不引起任何误解，有必要澄清：我们并不是说当前的物理学是错误的。但是，有一些发现指向了超越既定物理学框架的现实。因此，我们将关注那些超出我们理解能力的现实，就像纸上被赋予生命的简笔画人物无法理解其创作者的三维世界一样。

第 4 章

探索未知世界

在本章中，我们将更深入地探索未知，进入远超我们熟悉范围的领域，提出一些尚且没有答案的问题，思考一些目前还无法想象的事情。有时，奇怪之处就摆在眼前，却没有人提及它们，就像大爆炸理论这个物理学的创世之说。在第 2 章中，我们已经了解了支持该理论的 3 个最重要的迹象：星系退行、宇宙微波背景辐射以及化学元素的丰度分布。但是，大爆炸理论有一个巨大的缺陷：它无法解释大爆炸本身。

此外，我们在一些几乎微不足道的问题上也摸不着头脑。这些问题在物理学家的研究中永远不会出现，因为它们看起来毋庸置疑。例如，自然力为什么有 4 种而不是 3 种、5 种或 1 种？为什么有 3 种类型的中微子？理论物理学家试图解释这些基本问题，但他们往往迷失在复杂的数学论述中。这些论述基于远离实验可检验的假设，弦理论就是一个例子。它试图将宏观世界的基本特性追溯到微观世界。根据这一理论，物质是由大小约为 10^{-35} 米的"弦"构成的，后者比原子核还要小几个数量级，即使是最复杂的实验也无法在可预见的未来证明或反驳它们的存在。因此，许多基本问题至今没有答案，只有无法证伪的数学推测。

100 多年前，生物学也面临类似的问题：为什么地球上的物种如此丰富？生物学家收集了所有可能的动物和植物，将它们编目并分类为纲、目、科和属，但当时无法解释为什么会有鸟类，为什么骆驼有驼峰。研究人员只能接受动植物呈现给他们的样子，直到查尔斯·达尔文提出了进化论，才有了科学的方法来推导生物多样性和生物特征，即每一种动物和植物都能完美地适应其栖息环境，因为它们在时间的推移中通过进化适应发展到了现存的生态位中。达尔文的进化论为生物学中的"为什么"问题提供了一个宏大的答案。

在物理学中，这种情况只存在于少数领域。一个著名的例子是对能量守恒定律、动量守恒定律和角动量守恒定律的论证。这 3 种基本的自然规律在我们意识不到的很多方面决定了现实生活。很长一段时间里，人们只是简单地接受它们，直到数学家艾米·诺特发现，这 3 种守恒定律与宇宙的基本对称性有关，我们在第 2 章中已经谈到了她对这一问题的思考。在努力理解现实的过程中，不仅物理学的方法和技术达到了极限，我们的思维也达到了极限。数学将我们带入超越我们认知能力的更陌生的领域，但我们仍在努力去理解。这一点很重要，因为只有这样，我们才能想出新的东西。正如爱因斯坦所述："想象力比知识更重要，因为知识是有限的。"

因此，在回答"为什么"的问题上，物理学还没有生物学研究得那么深入，但它们都存在知识空白，因为这两个学科在各自的起点——宇宙的诞生和生命的出现——上都有问题。我们从一个迷人且几乎有些诡异的问题——精心设计的宇宙——开始对未知领域的探索。这个问题使物理学既定世界观的许多方面突然变得神秘起来，而我们现在能想到的答案又将我们带回了宇宙大爆炸。

4.1　精心设计的宇宙

除了基本的自然规律，还有一系列的参数决定了宇宙的特性。一个已经为人所知的例子是自然力的相对强度。在其他条件相同的情况下，引力最弱，强力最强。在计算机中可以创建具有不同参数的虚拟宇宙，这样的模拟产生了一些奇怪的结果：即使只是稍微改变这些参数的值，我们所知的生命也无法诞生。生命无法在这种情况下孕育出来，反过来则意味着我们的宇宙似乎是专为我们设计的。在讨论出现这一惊人现象的可能原因之前，我们先看几个具体的例子。

第一个例子涉及强力。在此，我们遵循英国天文学家马丁·里斯教授在他的《六个数》（*Just Six Numbers*）一书中提出的论点。他将参数 ε 定义为衡量氦原子核结合能的指标。氦原子核由两个质子和两个中子构成，将其分解为各个组成部分大约需要 28 兆电子伏特（MeV，兆电子伏特是原子物理学中常用的单位）的能量。里斯将强力的强度定义为这 28 兆电子伏特相对原子核总能量（等于质量乘以光速的平方）的比值。原子核的总能量约为 4000 兆电子伏特，因此，强力的强度 ε=28/4000=0.007。那么，如果强力值略有不同，宇宙会如何变化呢？

在原子核中，电磁力也起着关键作用。它能使同种电荷相互排斥，如氦原子核中两个带正电的质子。因此，强力和电磁力之间存在着一种平衡，前者试图把原子核结合在一起，而后者则试图把原子核分开。在较重元素的原子核中，随着原子序数的增加，质子的数量越来越多，这就是为什么它们之间的静电排斥力也在增加。这导致力的平衡向不利于强力的方向转移，从而导致铀和钚等重原子核不再稳定。

原子核中质子之间的静电排斥力是元素周期表中只有 80 种稳定元素的原因。铅是质子数最多的原子核，它刚好能通过强力保持稳定，在它之后的所有元素都容易发生放射性衰变。如果自然力的相对强度发生变化，使电磁力占据更大优势，原子核的稳定性边界将向质子数更少的方向移动，那么元素周期表中可能只包含碳和氧等轻元素。在这样的宇宙中，不会再有铅、金或铂等重金属。相反，如果强力比现在更强，就会有更多稳定的重元素，铀将不会发出放射性辐射，而是作为一种普通的重金属与铅一起出现在元素周期表中。因此，强力和电磁力之间的关系决定着宇宙中有哪些稳定的化学元素。

然而，ε 的变化所带来的后果远比稳定原子核数量的变化严重得多，因为它也会显著改变原初核合成过程，即紧随大爆炸后产生氢和氦的核聚变过程。根据宇宙学标准模型，在宇宙极热的早期阶段只有夸克存在，之后它们结合成质子和中子。质子捕获电子形成氢，而两个质子与两个中子聚变形成一个氦原子核，这就是为什么氢和氦是宇宙中最常见的元素。元素周期表中的其他元素，如碳、氧和各种金属元素，都是后来在恒星中以氢和氦两种元素为基础逐步聚变形成的。

如果 ε 向其他方向偏移，会对原初核合成过程产生显著影响。如果 ε 的值是 0.006 而不是 0.007，宇宙中将只剩下氢，因为在这种情况下，氘（向氦的聚变链中的第一步）的原子核会变得不稳定。这乍听起来可能没那么糟糕，直到人们意识到这个过程[1]是恒星发光的原因。在这样的宇宙中，太阳很快就会熄灭，我们所知的任何生命存在的机会也会消失。另外，如果 ε 为 0.008，那么宇宙

---

[1] 太阳上的聚变过程是氢核聚变为氘核、氘核与氢核聚变为氦-3 核、两个氦-3 核聚变为氦-4 核。如果氘核不稳定，则后续反应难以进行。——编者注

中将只存在氦，因为在我们的宇宙中本不存在的氦的同位素 ^{2}He 的原子核会变得稳定，其结果是，在大爆炸后不久，所有的氢都会聚变成 ^{2}He。同样地，我们所知的生命也将不复存在。因此，强力的强度变化必须在一定范围以内，这样才能使发光的恒星和水在同一个宇宙中共存。

但这个要求（强力的精细调节）还不够严格，因为生命的出现还需要碳。在质量较大的恒星中，碳元素是由三个氦原子核聚变成一个碳原子核而形成的。这个 3-α 过程（氦原子核也被称为 α 粒子）其实非常奇特，因为两个氦原子核不可能简单地融合成一个有四个质子和四个中子的原子核——这样的原子核（铍-8）在我们的宇宙中会立即衰变。如果没有 3-α 过程，大爆炸产生的轻原子核融合成较重元素的过程将就此结束，然而，它能使三个氦原子核同时（没有不稳定的中间步骤）结合成一个碳原子核。这一过程在学界有一定的知名度，因为三个原子核在同一时刻发生碰撞的可能性微乎其微，就像在十字路口有来自不同方向的三辆车同时撞在一起。然而，我们的宇宙中有一种特殊的过程会增加这种碰撞的概率，即在适当的能量下会出现一种"共振"。这时三个 α 粒子只需相互靠近，而不需要精确相撞就能聚变成一个碳原子核。这是一种量子物理现象，与粒子的波动性有关。这种共振的能量主要取决于强力，同样也就取决于 ε 的值。根据里斯教授的计算，ε 值的变化范围只能在 4% 以内，否则 3-α 过程将很难出现，而这将导致碳的数量大大减少。同样，这种偏差将创造一个没有生命的宇宙（见图 4-1）。

强力的强度 $\varepsilon = 0.007$

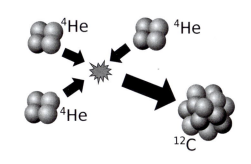

$\varepsilon = 0.006$ 时
氘不稳定
宇宙中只有氢

$\varepsilon = 0.008$ 时
^{2}He 变得稳定
宇宙中没有氢

$\varepsilon = 0.007$ 时
一切都刚刚好

图 4-1：根据目前的知识，ε 值的变化会对化学元素的丰度产生巨大影响。如果 ε 值偏低或偏高，宇宙中要么只存在氢元素，要么根本不存在氢元素。而 4% 的较小变化也将导致碳元素的含量大大减少。在这三种情况下，宇宙都是没有生命的

引力最弱，在其他条件相同的情况下，它的强度只有电磁力的 $1/10^{36}$。根据牛顿万有引力定律计算氢原子中质子和电子之间的吸引力，并将其与二者之间的静电吸引力相比较，就可以得到这一结果。里斯用字母"N"来表示引力对电磁力的相对强度 $1/10^{36}$，即 $N=10^{-36}$。然而，引力的这种相对较弱的特性与我们的日常经验并不相符——它以地球引力的形式出现时，看起来是一种占主导地位的自然力。但这只是因为地球质量较大，相比之下，较小质量物体（比如我们周围的物体）之间的引力可以忽略不计，我们在日常

生活中都不会注意到它。然而，在宇宙中的大型结构，如行星、恒星、星系以及星系团的形成过程中，引力发挥着核心作用。这是因为引力的作用范围很广，且没有什么能避开它。

如果引力变强或变弱，宇宙会是什么样子呢？根据里斯教授的思考，只有变化达到 100 倍以上时，我们才能观察到明显的效果。因此，这不需要像在分析 ε 那样进行精细的调整。如果引力明显增强，会给宇宙带来两个后果。首先，一切进程都会加速，例如恒星和星系的形成将大大加快，也许只需要几百万年而不是几十亿年。太阳也将更快地经历其演化周期。其次，更大的引力会直接影响行星、恒星和星系的大小——所有天体都会变小，因为它们是在自身引力的驱动下，从星际气体中逐渐聚集形成的。如果引力更强，这种过程就会进行得更快，产生的结构也会更小。总之，这两个后果将促成一个加速版的微型宇宙。然而，地球上的生命演化花了近 40 亿年的时间，因此在这样的宇宙中可能就没有生命了（见图 4-2）。

引力目前的相对强度 $N = 10^{-36}$

当 $N = 10^{-30}$ 时	当 $N = 10^{-40}$ 时
引力增强	引力减弱
短期存在的星系	更大、更复杂的结构
快速形成的、致密的迷你星系	更缓慢地发展
原子、分子不变	更高等的生命
更小型的生物	
没有时间进化	

图 4-2：原则上来讲，引力显著增强或减弱并不影响生命的存在。只不过在第一种情况下，宇宙中的所有进程都会加快，天体也会变小。反之，在第二种情况下，将有更多的时间形成更大、更复杂的结构

引力减弱则会产生相反的结果，宇宙天体的形成需要更长的时

间，形成的结构也会更大。太阳会燃烧更长时间，会有更多时间发展出更高等的生命。这就提出了一个问题：在引力较弱的宇宙中，是否会形成远比我们复杂得多的生命呢？生命或许能够发展到我们人类无法想象的程度。

另一个奇怪的、被精确设定的值是宇宙的物质密度——密度参数 Ω。我们在前两章中已经了解了这个参数，下文在讨论这个参数变化可能产生的结果时，首先将范围限制在星系和星系团等大型结构的引力作用上。正如我们所知，宇宙在大爆炸之后开始膨胀，随着时间的推移，物质聚集成了一些团块，这些团块嵌入在不断膨胀的空间中，彼此逐渐远离。然而，它们之间的引力会减缓这种膨胀，而且宇宙中的物质越多，减速效应就越明显。

如果宇宙中的物质太少，就不会产生天体，宇宙将永远以原始气泡的形式膨胀下去；如果物质太多，宇宙的膨胀就会迅速减慢，然后逆转，最终转为坍缩。理论计算出的临界密度恰好介于这两种极端情况之间。在这个临界密度下，膨胀会逐渐减慢，但永远不会停止。密度参数——我们由此得到了完整的解释——给出了实际物质密度与这个临界密度的比值：大约为 1。这样宇宙才不会立刻转为坍缩，同时又能形成恒星和星系。所有测量结果都表明事实确实如此，更重要的一点是，根据宇宙学标准模型，要使 Ω 在今天仍是这个值，它必须在大爆炸时或爆炸后不久以 10^{-58} 的精度等于 1。对一个可自由选择的参数来说，这种精度是荒谬的。换句话说：这几乎不可能是巧合。

对于这个密度参数好像被精细调整过的问题，物理学已经有了解答：根据暴胀理论，在宇宙大爆炸后不久，一个极其短暂的、超光速的膨胀阶段将宇宙"拉平"了，这使 Ω 的值正好为 1。但这一假设似乎有些荒诞，因为这一阶段的存在无法通过实验测量来证实或否定。它是一个纯粹的理论构造。如果有其他独立的证据证明暴胀阶段的真实性，那么有关这个"平坦性"的解释会更有说服力。这不禁让人联想到暗星云文明的故事，那里的物理学家也不得不做出类似的尝试来挽救他们的原初洞理论。暴胀有可能真的发生过，但密度参数的特殊取值也可能指向一种新物理学，甚至是一种超出我们知识边界的新现实。

宇宙的另一个重要参数是宇宙学常数，它由来已久，甚至早于大爆炸理论的提出。一百多年前，人们认为宇宙是永恒的，这个与大爆炸理论竞争的想法被称为**稳态理论**，它假定宇宙处于一个无始无终的稳定状态。然而，在一个充满恒星的宇宙中，永恒是很难实现的，因为恒星会不断消耗能量，那么这些能量从何而来，又去往哪里呢？如果恒星永远发光，宇宙应该会变得越来越热。爱因斯坦在发展引力理论时发现，永恒的宇宙不可能稳定，因为星系之间会相互吸引。随着时间的推移，它们一定会凝聚成一个巨大的星系，并使周围的时空弯曲。爱因斯坦最初是稳态理论的支持者，为了使理论描述的宇宙免于坍缩，他在自己的场方程中引入了代表反引力的参数。在数学中进行这样的修正很容易，反引力只是他描述宇宙动力学的微分方程的一部分。爱因斯坦把这个新提出的参数命名为"宇宙学常数"，通常用大写希腊字母 Λ 表示。它也是一个典型的补丁，是为了挽救一个有缺陷的理论（这里指稳态理论）而临时插入的。

在人们发现星系退行和发展出大爆炸理论之后，宇宙学常数，也即反引力的存在就显得不再必要了。宇宙是不稳定的且正在扩张，引力最多只能减缓宇宙膨胀的速度，但后来人们发现宇宙的膨胀又在加速。在大爆炸理论的框架内，这是无法想象的，因为这个过程需要能量，而这种能量必须具有反引力的作用。

在爱因斯坦场方程中，宇宙学常数恰恰具有这种作用，于是人们毫不犹豫地重新引入了 Λ。理论物理学家根据实验数据对公式进行调整是没有问题的，只是有时会缺少一个合理的解释。在这种情况下，"什么导致了反引力的出现"的答案目前只能是暗能量。正如重新引入的宇宙学常数一样，它也是大爆炸理论的一个补丁。到目前为止，还没有令人信服的解释来说明它到底是什么。有一种说法认为，暗能量是真空的固有特性，类似于时空膨胀的内在趋势。

根据测量到的膨胀加速情况和其他一些间接数据可以估算出暗能量的能量密度。据此推算，每立方米的真空中约含有 30 亿电子伏特（3 GeV）的能量，相当于 3 个氢原子的质量。这些数字意味着，1 立方米真空所产生的反引力效应与 3 个氢原子产生的引力效应一样微弱。相应地，爱因斯坦场方程中的宇宙学常数就非常小了，这就是为什么它的作用在一开始会被星系的引力所掩盖。只要宇宙中的物质密度没有降低太多，大型结构的引力效应仍然可以减缓宇宙的膨胀。但是，随着星系之间的空间越来越大，时空的反引力效应最终会占据主导地位，宇宙会再次加速膨胀。从这时起，一个无限循环开始了：更多的真空导致更快的膨胀，而这又会产生更多的空间。结果，宇宙膨胀的速度会越来越快，直到最后只有孤立的星系存在于无限的空旷空间中。目前来看，这似乎就是宇宙的命运。

宇宙学常数的值是决定宇宙是否适宜居住的另一个关键因素。如果 Λ 大很多——比如大 10 倍，宇宙膨胀的速度就会过快，以至于天体无法形成，我们所理解的生命也就不会出现。当宇宙学常数是绝对值大得多的负数时，意味着星系间的引力更强，这时宇宙的膨胀会迅速停止，并在之后转为坍缩。这样一来，宇宙的寿命可能不足以孕育出复杂的生命。因此，宇宙学常数好像也被精细地调整到了一个足够小的值，因为只有这样才有可能诞生生命（见图 4-3）。

Λ 为零或很小的正数

    宇宙将长期演化，没有其他变化。

Λ 为大得多的正数

    没有星系，没有我们所理解的生命。

Λ 为绝对值大10倍的负数

    引力效应强，宇宙坍缩封闭。

图 4-3：宇宙学常数非常小或为零时，我们所知的生命才能在宇宙中诞生。如果宇宙学常数太大，宇宙膨胀得太快，就不会形成恒星和星系；如果宇宙学常数为负数，宇宙将很快转为坍缩

宇宙学常数在现实中没有对应物，我们也没有观测到反引力的物理效应。虽然我们说暗能量会导致反引力效应，但归根结底它只是一个理论术语，而这也可能并不正确。在第 2 章中，我们认为真空具有质量和压力等性质，这些性质源于量子场的真空涨落。原则上来说，它也是解释宇宙加速膨胀的有希望的候选者。然而，正如我们在上一章所看到的，这里有一个相当严重的问题：如果用真空涨落引起的压力来计算宇宙学常数，结果将是一个非常大的值——达到 10^{120} 的数量级。想想你最近在日常生活中听到的最大数字，可以肯定的是，与这个大数相比，它将不值一提。如果真空涨落真的在宇宙中产生了反引力效应，那么宇宙在大爆炸后不久就会飞散开来，因此，它不可能是宇宙加速膨胀的原因。那么问题来了：为什么不是呢？真空涨落的存在是可以测量到的，并且在某些情况下会产生与反引力类似的压力，那它为什么不起作用呢？关于宇宙学常数的奥秘仍未解开。

物理学并不清楚时空是何种存在。或许真空是某种复杂的物质，其中含有各种量子场，但这可能只是真相的一小部分。已知时空主要由暗物质和暗能量构成，但对这二者我们还一无所知。除此之外，我们也不知道反引力从何而来。最后，还有真空涨落。虽然量子理论对它的描述是正确的，但其在我们看来依然神秘。我们可以用任何名称来称呼时空，无论是"真空"还是"神秘的现实结构"——也许它的本质超出了人类的认知范畴。

到目前为止，我们已经认识了几个自然常数和自然规律的特征参数，它们的变化会对宇宙和生命造成严重的后果。最后，根据里斯教授的观点，还应该详细地讨论最后一个参数，它似乎也是被精细调整过的。对于恒星、星系和星系团的形成，我们已知宇宙诞生时充满了主要由氢和氦组成的高温气体，之后这些气体逐渐凝结成我们今天所能观测到的宇宙结构。但这为什么会发生呢？在任何其他空间，气体都会继续扩散并分布到整个空间中。

人们通过计算机模拟进行了更深入的研究，结果发现气体的分布从一开始就存在偏差，即不同区域的密度有高有低，否则就不可能形成星系和星系团。在数百万年的时间里，引力可以增强这些初始的密度波动。在气体较多的地方，更大的引力会吸引更多的气体，而密度较低的区域几乎被密度较高的区域吸空了，这才形成了宇宙中的巨大空洞。根据计算机模拟，在宇宙诞生后，仅需0.1‰~1‰的微小密度差异，就可以启动星系形成的过程。如果没有这些差异，几乎均匀分布的气体就不会在数亿年的时间里聚集成宇宙结构。我们把这种密度波动的特征参数称为 Q。

借助相应的设备，可以测量早期宇宙中的热气体的密度波动。宇宙微波背景辐射来自大爆炸后约 38 万年的时候，那时热气体变得透明。理论上，如果我们用望远镜尽可能地向远处眺望，就能看到 138 亿光年外的地方，即当时[1]充满宇宙的等离子体表面。如果

——————————
[1] 也就是 138 亿年前。——编者注

在这个时期就存在密度波动，那么这些波动必然会在宇宙微波背景辐射的天空图上呈现为较暖和较冷的区域，否则大爆炸模型就是错误的。宇宙微波背景辐射的平均温度为 2.725 开尔文，略高于绝对零度，而且该数值的变化幅度仅有 0.002 开尔文，也就是约千分之一。从这些测量中可以计算出 Q 值约为 7×10^{-5}，与预期值十分吻合。

如果 Q 小很多，对天体物理学来说将是一个大问题。根据目前的知识，若早期宇宙中的热气体的密度波动小于 10^{-6}，就不会形成恒星和星系。如果 Q 只是稍微小一点儿，物质就会非常缓慢地聚集，只能产生稀疏的宇宙结构。那样的话，恒星就必须孤独地在太空中穿行，因为包含较重元素的恒星灰烬会从稀疏的天体结构中被带走。反过来，更大的 Q 会导致星系快速而混乱地形成。此外，如此多的恒星会导致围绕恒星运行的行星的轨道不稳定，这与银河系中心的情况类似。在那里，密集的恒星常通过引力把行星抛出轨道。随着物质的聚集，会产生相当于整个超星系团大小的黑洞，它们会吸收星系中的大部分物质——完全是个怪物，这是一个狂野而具有破坏性的宇宙。因此，早期宇宙中的密度波动无论太大还是太小，都会导致一个完全不适合生命存在的宇宙。

早期宇宙中的密度波动对于恒星和星系的形成，以及生命的发展是不可或缺的。宇宙大爆炸之后，宇宙温度极高，物质密度极大，之后是暴胀阶段，宇宙被拉平并变得均匀。但是，为什么大规模的密度波动在 38 万年后依然存在，人们不得而知。对此，有人尝试用暴胀阶段的量子涨落来解释。但要详细阐述这一点，需要一种引力的量子理论，而我们目前还没有。因此，对于早期宇宙中的过程，我们只有缺乏充分依据的理论模型，这些模型既不能被实验证实，也无法被实验证伪。而且，即使未来对密度波动有了更深的认识，也无法说明为什么其值的大小恰好能使我们存在。

小结：精心设计的宇宙

我们的宇宙似乎是为生命的诞生而精心设计过的，因为许多特征参数和自然常数恰好具有合适的值。首先是强力：如果其强度变化几个百分点，宇宙中就会只有氢，或者根本没有氢，更不用说更重的元素了。如果引力明显减弱，宇宙将会漆黑一片；如果引力明显增强，宇宙将会更小且迅速变化。物质的密度也必须非常精确地对应临界密度，否则宇宙要么坍缩，要么膨胀得太快。宇宙学常数也是如此，尽管其可被接受的变化范围要大一些。最后，早期宇宙的密度波动不能太小，否则就无法形成恒星和星系；也不能太大，因为在这种情况下就不会有行星在稳定轨道上运行。宇宙的以上特性使生命的诞生成为可能，但为什么会这样呢？

4.2 "为什么"问题的四种解释

前文说明了什么是精心设计的宇宙，以及当宇宙中的特征参数和自然常数哪怕只是出现微小的变化时，也不可能再诞生我们所理解的生命。可这是为什么呢？有四种可能的答案：首先，这当然可能是纯粹的巧合；其次，有些人主张存在造物主；再次，有些人提出存在多重宇宙，其中只有少数宇宙适合居住；最后，还有人认为存在更高层次的、尚未被发现的自然规律。我们将逐一分析这些观点。

纯属巧合

第一种解释并不能令人信服，但不一定是错误的，因为精心设计的宇宙确实可能是偶然产生的。它的合理性在很大程度上取决于为了使生命诞生，这种设计必须有多精细。举个例子：如果掷 3 颗骰子得到 3 个 "1"，我们自然会觉得这纯粹只是运气。如果掷 6 颗骰子得到 6 个 "1"，我们会多想一些，但很可能仍然会认为这是运气。但是，如果掷了 20 颗骰子，结果出现了 20 个 "1"，我们几乎肯定会得出结论：这些骰子被做了手脚，这看起来不像是巧合。类似地，宇宙的大量特征参数必须落在一个狭窄的数值范围内，我们才能存在。但在这里，需要考虑的远不止骰子的 6 个面。科学家对此感到好奇，并试图进行更深入的研究。也许这个结果背后隐藏着的不单是运气。自然科学不相信这种大规模的巧合。

存在造物主

第二种解释不是自然科学的发展方向。任何神秘现象都可以用神的行为来解释，例如，中世纪的人认为瘟疫是上帝对他们犯罪的惩罚，而在今天，我们知道大部分瘟疫是由细菌引起的疾病，可以用抗生素治疗。天体的运动不是由更强大的力量控制的，而是由开普勒定律决定的，而开普勒定律又是以角动量守恒这一自然规律为基础的。自然科学总是在寻找世俗的解释，而到目前为止，它为绝大多数问题找到了答案。

即使没有神的帮助，人类也已经走得很远了。我们的目标应该是探索自然，不断拓宽我们的视野，最终了解现实的方方面面。在这个过程中，我们可能会抵达更高的层次，也许还能为精心设计的宇宙找到一个通俗的解释，哪怕这种解释很可能会颠覆我们的世界观。

存在多重宇宙

第三种解释乍一看好像很合理，该观点认为存在多重宇宙，其中一些适合生命存在，另一些则不适合。这有点儿像行星的情况：在太阳系的临近区域，大多数恒星并非孤独地在太空中飞行，但它们的大多数行星不适合生命存在。就整个多重宇宙而言，可能只有少数宇宙适合生命存在，我们所处的宇宙就是其中之一。然而，这种观点并非没有问题，因为在物理学的既定世界观中，"宇宙"一词没有复数形式，而且也不可能有任何"在宇宙以外"的东西。

如果存在多重宇宙，它们在哪里呢？对于这个问题，有两种可能的答案。一种是所谓"超级宇宙"，该观点认为，我们只是生活在一个巨大宇宙中的一个小空间里，在这个宇宙中还存在着许多具有不同自然规律的其他空间。那么，我们可及的区域就像是一种类似于花园池塘的生态位，在这里，恰好有对生命特别有利的生存条件。在整个超级宇宙中，会出现像地球上的各种气候带一样的多样化区域，只是它们之间的差异涉及更基本的特性：在某些区域可能没有原子，而在另一些区域，空间被密集的铁球填满，还有一些区域可能由巨大的黑洞群组成。

从暴胀理论可知，由于光速有限，宇宙一定比我们所能接触（观测）到的部分要大得多。正如我们已经看到的，宇宙在我们可及区域的最边缘处是平坦的。这种情况可能表明，宇宙实际上比我们目前所认为的大 100 倍。在超级宇宙中，自然规律和自然常数也应该在巨大的尺度上发生变化。在这个观点中，我们的宇宙只是具有不同性质的许多宇宙中的一个。

一种支持这个惊人观点的构想是弦理论，它对时空结构作出了假设，允许存在具有任意自然规律的宇宙。莱昂纳德·萨斯坎德在他的《宇宙全景》（*The Cosmic Landscape*）一书中令人印象深刻地描述了这一假设。这至少是对我们这个精心设计的宇宙的一个合理解释：我们处于一个大得多的结构中的少数可居住的子区域之一。

然而，自然界中某些特性的不变性是现代物理学的基石。如果自然规律和自然常数随着空间和时间的变化而变化，将导致一场科学世界观的革命。一些研究人员已经在寻找这种变化的迹象。例如，悉尼的约翰·韦布教授领导的研究小组正在研究精细结构常数 α，这是衡量电磁力强度的一个指标。他们的数据表明，虽然这个常数不随时间变化，但在宇宙某些区域的值与地球上的值略有不同，偏差为 10^{-5}，即十万分之一，而这明显超出了测量方法的误差。一个真实的发现可能引发一场科学轰动，以及对至少部分理论的重新评估。不过，这些数据极具争议，因为在这种高度复杂的测量中总是存在出错的可能。

另外，还有一些数据表明，宇宙的膨胀速度随着望远镜观察方向的不同而变化。如果这是真的，那就意味着在我们可及的空间范围内，不同区域的膨胀速度是不同的。想要确认这一点，就必须对星系的红移及其距离进行非常精确的测量。但即使再小心谨慎，也可能出现误差。在精细结构常数变化和膨胀速度变化这两种情况下，我们都在处理宇宙的所谓"各向异性"，这意味着在不同的方向上，宇宙的性质是不同的。

以上这些发现有可能彻底改变物理学的世界观，因为空间的均匀性和各向同性是大爆炸理论的基本假设。我们还需等待其他研究小组对这些初步结果进行验证。不过，有一个细节引人深思，即膨胀速度和精细结构常数的偏差发生在相同的空间方向上。这表明我们的宇宙在某种意义上确实有偏向性。

由于暴胀，整个宇宙可能比我们可及的区域大得多，这个发现令人惊讶。到目前为止，人们一直认为即使在这个巨大的空间里，宇宙的特征参数和自然常数也只会出现微小的变化。因此，人们从一开始就认为发现它们变化的概率很小。如果有的话，这些变化应该首先出现在比我们可及的区域大 100 倍的空间球体的边缘，因为暴胀几乎已经消除了核心区域的所有差异。如果它们在我们可及的区域内有任何波动，也应该已经小到几乎无法测量。然而，现在有迹象表明，我们可及的区域中存在着可以通过实验检测到的变化。如果这些结果得到证实，那么超级宇宙就很有可能是真实存在的。这时，我们就有了一个合理的解释来说明宇宙为何能以如此精确的方式满足生命存在的条件。

除此之外，科学还给出了多重宇宙的第二种存在形式，那就是平行宇宙。平行宇宙与我们宇宙的关系就像一本书中的相邻两页。因此，我们所在的四维时空只是多维超空间中的一张薄片。不同的特征参数和自然常数不是隐藏在一个巨大宇宙中的不同地方，而是隐藏在我们身边的其他维度中。数学可以将这些奇思妙想转化为优雅的公式，只是我们的思维无法理解这类现实，即便它们存在。平行宇宙更像是科幻小说里的幻想，但从已知的物理学角度看，还是可以做些严格讨论的。

一个首要问题是：如果存在平行宇宙，为什么我们没有发现它们呢？针对这个问题，当前的世界观可以给出很好的答案：因为我们所掌握的一切测量仪器和方法本身就是四维时空的一部分。基本粒子、自然力、自然规律和自然常数——简而言之，构成可观测宇宙的所有事物都是如此。没有任何事物超出四维时空，因此，原则上我们无法知道在这个结构之外是否存在其他事物，更无法知道是否存在其他相邻的结构。

唯一可能在宇宙（四维时空）边界外发挥作用的自然力是引力。可以想象，我们宇宙中的引力可能与邻近的平行宇宙发生相互作用。如果情况属实，前者就会由于后者的影响而发生变化。但对于我们来说，这些变化是无法解释的。实际上，这种无法解释的现象确实存在，而我们将其归于暗物质的影响。但根据目前的知识，暗物质更有可能是我们宇宙中的一种未被发现的成分，而不是来自宇宙边界之外的物质。但是，无法解释的、偏离已知物理学的现象——正如暗物质的引力效应——总是有潜力拓展我们的世界观。

可能存在更高的空间维度和平行宇宙是弦理论的假设之一。弦理论还提出了"膜"的概念，这个词来源于英语中的"Membrane"。

按照这种说法，我们的宇宙是高维空间中的一张低维薄片（见图 4-4），基本粒子是膜上弦的激发态，且弦无法离开膜。例如，光子等粒子会被牢牢地束缚在时空中。这同时也提供了为什么不能用望远镜看到我们宇宙之外的原因：观测这个行为被受束缚的光子限制在了它们所处的时空中。

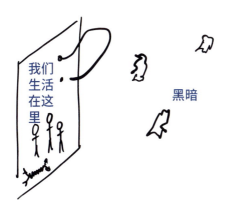

图 4-4：对我们的宇宙只是高维空间中的一张低维薄片（在弦理论中是一张"膜"）的可视化

比暗物质更难以理解的现象是量子隐形传态，下一章将对其做更详细的讨论。它为更高维空间的存在提供了一个相对有力的线索，但这也只是一种推测。

存在更高层次的自然规律

最后一种可能的解释是，还存在着我们尚未发现的更高层次的自然规律。通常情况下，当某些东西看起来莫名地井然有序时，其背后就有规律可循。例如水面，在风平浪静时，从原子角度来看它要比人类用机器打磨的任何东西都要光滑。但这只是重力和流体力学共同作用的结果。因此，如果说宇宙中的特征参数和自然常数是为生命的存在而精心设计的，那很可能是因为研究人员尚未发现更高层次的自然规律。这个现象并不是个例：物理学还无法令人信服地解释基本粒子的不同质量、4 种自然力的数量及其强度的巨大差异，以及自然常数的数值。

事出必然有因。在古代，人们无法解释日食、闪电和流行病，而如今，科学可以解释这些现象。每一种全新解释的提出都需要发现和探索现实的新部分。例如，理解日食需要先了解天体的运动，理解闪电需要电的知识，理解流行病需要病毒和细菌的知识。想要回答物理学的未解之谜也是如此，但不同的是，这可能会涉及完全陌生的现实。它是如此陌生，以至于任何理解它们的尝试都会因为人类的认知局限而失败。我们所熟知的四维时空可能只是广袤现实中的冰山一角，更详细的内容将在第 5 章讨论。

> **小结："为什么"问题的四种解释**
>
> 我们的宇宙似乎是为生命的存在而精心设计的。从科学的角度来看，纯属偶然不是一个能令人信服的答案，因为如果没有更深层次的原因，这么多特征参数和自然常数的取值恰好处于如此狭窄的区间内是不太可能的。也有人认为这是造物主的杰作，但

科学总是试图寻找世俗的解释。因此，一些科学家认为存在许多
具有不同特性的宇宙，其中只有少数是可居住的。这种观点包含
两种变体：第一种假设存在一个巨大的单一超级宇宙；第二种假
设存在许多平行宇宙。这两种假设似乎都很奇特，但有迹象表明
它们并非完全没有道理。最后，我们这个精心设计的宇宙也可能
存在尚未发现的更高层次的自然规律。由于这里可能涉及更高维
度的空间，因此它对我们来说可能非常陌生。

有一点可以肯定的是，我们不知道自己生活在什么样的现实
中，有太多的不明之处和悬而未决的问题，以至于我们可能并不比
暗星云中的文明认识得更多。

4.3　大爆炸之前是什么

到目前为止，物理学已经追溯到了大爆炸的神秘奇点之前的极
短时间段——这是一场在时间上的逆流想象之旅，因为宇宙演化的
概念是基于当前所做的逆向推算。一个基本假设是，在巨大的时间
和空间跨度内，所有的特征参数、自然常数和自然规律一直是并且
仍然是恒定的。这种猜想得到了最先进望远镜的观测结果的支持，
后者从极远处（因此也追溯到了遥远的过去）收集数据。数十亿光
年之外的星系还很年轻，因为我们看到它们发出的光来自大爆炸后

相对较短的时期，那时星系刚刚形成。在更遥远的地方和更久远的时间里，宇宙是黑暗的，那时还没有恒星存在。对于这个阶段，我们有可靠的理论和实验证据。然而，所有观测都截止于大爆炸后约38万年。原因很简单，从大爆炸到这个时间节点之间，宇宙是不透明的，因为原始气体以炽热等离子体的形式存在。

宇宙中最丰富的两种元素——氢和氦——是在原初核合成时形成的。这些核反应发生在大爆炸后 100~1000 秒之间的高密度和极热条件下。数学能准确地预测出它们如今的数量和比例。根据物理学理论，再往前应该有一个超光速膨胀时期，也就是暴胀阶段。之所以要假设暴胀的存在，是为了解释宇宙的一些令人费解的特性，例如视界问题和令人惊讶的时空平坦性。

随着时间的推移，大爆炸理论不断得到完善和补充。然而，一切试图接近奇点的探索停止在了大爆炸后约 5×10^{-44} 秒，即所谓普朗克时间。物理学家确信，我们所知的自然规律和自然常数最晚从那时开始发挥作用。在那之前，量子效应与广义相对论效应同样重要。要想进一步研究大爆炸需要量子引力理论，而这个理论目前还不存在。宇宙诞生的奇点超出了当代物理学的极限。

因此，目前还无法回答"大爆炸之前是什么"的问题。"什么都不存在"的说法也是不合理的，因为这也意味着不存在时间，那么就很难想象这种未知的状态是如何自发停止的。更有可能的回答是，大爆炸是高维时空的产物，这个时空或许与我们的宇宙平行存在。我们无法断定在这个陌生的时空里还存在哪些自然规律，如果其中确实存在某些更高层次的自然规律，那么就有可能解释为什么我们的宇宙是现在这样的。

还有一个问题是：大爆炸是否只发生了一次？以下是一个思考：长久以来，人们确信只有一个地球；然后，人们又认为只有一个太阳。有一段时间，人们还认为只有一个星系。而现在，人们相信只有一个宇宙。对于上述问题，也许我们会在未来的某个时刻找到答案。作者的个人观点可见图 4-5。

图 4-5：一群肥皂泡，象征着在更高层次的时空结构中不断膨胀的宇宙。这只是一种可能，但事实是什么样的，可能在一段时间内仍不得而知

小结：大爆炸之前是什么

乍一看，物理学似乎是一门严谨的科学，几乎可以解释一切。但事实证明，它在最简单的"为什么"问题上失败了。为什么自然界恰好有 4 种基本力？为什么自然常数恰好有这些数值？为什么有这么多不同的基本粒子？类似的问题可以一直问下去。然后还有这个像是精心设计的宇宙。为了使我们所理解的生命成为可能，宇宙的许多特征参数和自然常数必须在一个非常狭窄的数值范围内。最后，面对大爆炸前的奇点，我们一无所知。在这里，可能有我们完全陌生的一种物理学在起作用。

对于前两个问题，我们已经得到了还算合理的解释：存在许多具有不同性质的宇宙，其中只有少数适合生命存在。另一种解释是存在我们尚未发现的更高层次的自然规律。无论上述哪种解释是正确的，我们都应该清楚，我们所接触到的时空只是广袤现实中的冰山一角，而塑造大爆炸的很有可能是更高层结构中的陌生规律。这就引出了一个问题：我们是否有机会看到宇宙背后的现实？无论如何，目前我们受限于四维时空之中，而且正如下一章将展示的，即使是这个四维时空，我们也只了解其表面。

第 5 章

无法解释的、难以理解的

在上一章中，我们深入到了未知领域，并讨论了一种可能性：四维时空是更高层结构的一部分，因为只有这样，我们这个经过精心设计的宇宙、暴胀阶段和大爆炸本身才能得到勉强合理的解释。接下来，我们要讨论的是那些超出人类理解能力的量子力学的实验结果，其中一个要点涉及"信息"。

按照传统的理解，信息指的是在接收者和发送者之间交换的信号。如果把储存在地球物质的链状分子（遗传物质）中的生物构造蓝图也看作信息的话，那么信息就贯穿了生命的所有领域，甚至可以说，生命本质上就是信息。但是，如果信息也存在于无生命的自然界中呢？一些物理学家甚至认为，构成一切存在的基础不是物质，而是信息。他们声称："万物源自比特。"信息和精神在本质上是相关的概念——那万物是否起源于精神呢?

量子层面是所有更高层面——包括我们生活的宏观世界——的基础。霍金和莱昂纳德·萨斯坎德曾就一个问题进行过争论:如果一本书被扔进黑洞,书中储存的信息是否会从宇宙中消失?他们一致认为,信息必然会被保留。如果这本书被烧掉,情况也是一样的。但对我们来说,这是完全无法想象的,因为很难用自然规律来争论哲学问题。量子物理学的这些结论非常接近宗教观点:如果信息在任何情况下都不会丢失,那么人及其个性的某些部分在死后也会保留下来——理论上是永恒的。

最后一章的出发点是量子物理实验的结果。理论物理学能够描述这些过程,并对其结果做出正确的预测,但想要做出真正的理解似乎是不可能的。数学工具把我们带入了未知领域,而被困在四维时空里的人类思维则落在了后面。接下来,我们将概述量子物理学的基本实验,然后讨论它们对现实世界产生的影响。

5.1　量子物理学

也许有人会认为,量子领域的自然规律与现实生活相去甚远,因此对我们没有影响。这种想法是错误的。宏观世界建立在微观世界之上,因为日常生活中的一切都由原子构成。原子虽然微小,但其决定了所有物质的属性。量子物理学研究的是它们所遵循的自然规律。例如，正是这些规律使得水是液体，氧气是气体，铜是金属。在一个不太容易感知的层面上，光的量子特性与我们眼睛中的感光细胞的功能相结合，使我们能够从视觉上感知环境。这样的例子不胜枚举。因此，量子规律构成了我们与世界互动的基础。

量子物理学的数学形式完美地概括了抽象的自然规律，很多难以被理解的自然行为被映射到了由公式表达的规律上，这些规律能够做出可靠的预测。100 多年来，科学家一直在思考量子现象，但对于许多现象仍然没有找到一个易于理解的解释。许多研究人员已经习惯了这种认识论上的缺陷，几乎不再对此质疑。

当某个系统与外部环境隔绝时，自然规律的奇特之处就会显现出来。以"薛定谔的猫"这个著名的思想实验为例。通过一个完全与外界隔绝的盒子，并配备一个巧妙的机制，理论上有可能使一个生物处于一种只能存在于量子世界的状态：既死又活。这种"纠缠"状态，即由两种相互排斥的状态叠加而成的状态在量子世界中很常见。这只猫可能是 80% 死了和 20% 活着——这无法用日常的逻辑来理解，因为"生"和"死"是两个相互排斥的概念——非此即彼。而在量子世界里，这种混合状态不存在任何问题。另一个例子是双缝实验。在这个实验中，同样发生了我们原本以为不可能发生的事情：一个粒子同时飞过两个缝隙。这意味着这个粒子是"非局域性"的，即它会同时出现在许多地方。

双缝实验

当一束波（例如一束光）穿过一个遮光板上的两条垂直狭缝后，在这个所谓双缝后面会出现一个由两个部分波叠加而成的明暗条纹图案。这种现象被称为**干涉**，是波的典型特征，可归因于波的非局域性：波总是同时出现在许多地方（见图 5-1）。一束波可以同时穿过两条狭缝，并在狭缝后与自身发生干涉。在学校的课程中，人们喜欢用水波来演示这种效应，但用计算机动画来演示则更加容易（见图 5-2）。

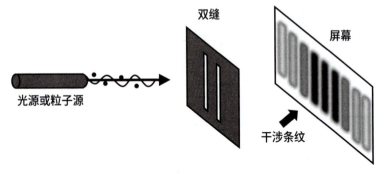

图 5-1：使用光或粒子束进行双缝实验。从经典角度看，屏幕上应该出现两条条纹，分别对应两条狭缝。但在现实中，会产生一个向两侧延伸的明暗条纹图案，最亮的条纹正好位于两条狭缝正后方的中间位置

图 5-2：波从左侧撞击一堵墙的计算机动画。在上半部分，波通过孔洞后呈球面波形式扩散；在下半部分，波分裂为两束相互干涉的波。它们会在右侧屏幕上产生明暗相间的条纹图案

　　问题在于，此实验也可以用粒子束来进行，而且会出现同样的结果——明暗相间的条纹图案。亮的区域表明有许多粒子存在，暗的区域表明只有很少甚至没有粒子。粒子不应该会发生干涉。在反相波相互抵消的地方——降噪耳机利用的物理效应——多束粒子束的组合绝不会导致粒子总数的减少，这在我们的认识中是不可想象的。然而，在量子世界中，这又的的确确发生了。物理学将这种现象称为"物质干涉"，并将其归因于波粒二象性：在某些情况下，粒子的行为与人们所期望的一致，而在另一些情况下，其行为则像波。它们的本质仍然不为我们所知。

为了进行物质干涉的双缝实验，需要一束匀速运动的粒子束。如果这些粒子有不同的速度，那么它们的波长也会不同，形成的干涉图案就会变得模糊。类似的情况也会出现在光的干涉实验中。常用的粒子有电子、中子、氦原子核以及纳米粒子。选择哪种并不重要，只是不能太大，也不能太重，否则其波长就会太短，从而增加探测难度。当粒子穿过双缝，射到后面的探测器屏幕上时会产生微弱的闪光。到目前为止，这并不令人惊讶：一个物体从它的源头飞向目的地——旅程的起点和终点可以清楚地确定。从这个意义上说，粒子的行为就像粒子。

当实验启动后，屏幕上的某个地方会不时闪烁。粒子束的运动方向覆盖两条狭缝，因而每个粒子都有可能穿过任何一条狭缝。有趣的地方在于：在这种条件下，一段时间后，屏幕上会出现一个干涉图案，这个图案与通过量子物理学计算出的干涉图案相同（见图 5-3）。但是，粒子怎么会发生干涉呢？干涉，尤其是相消干涉，在最简单的情况下是指两束反相振荡的波相互抵消，但粒子并不会振荡，至少在经典物理学中不会。根据量子物理学，粒子束是一种具有波长和频率的物质波。在数学上，我们可以用一个波动方程，即薛定谔方程来描述它。但究竟是什么在振荡？双缝实验是量子物理学的典型代表：从数学上讲相当简单，但在本质上难以理解。

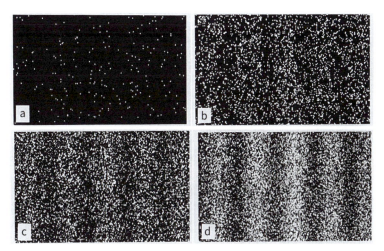

图 5-3：在双缝实验中，干涉图案是随着时间逐渐形成的。每个粒子撞击屏幕时会产生一个闪光点。随着时间的推移，这些闪光点会形成由亮条纹和暗条纹组成的干涉图案

研究人员在一开始几乎无法接受这些结果，但事情变得更加离奇：即使在粒子束强度极低的情况下，也就是绝不可能有两个粒子同时在传播，因此也不可能相互干涉时，屏幕上仍然形成了明暗相间的条纹图案。这怎么可能呢？现代物理学的解释是：每个粒子本身就是一束波，因此它能同时存在于很多地方。它能够同时穿过两条狭缝。然而，一旦撞到屏幕上，它又会表现得像一个粒子，并出现在一个确切的位置上。

这意味着什么呢？在第 2 章讨论已确立的物理学世界观时，我们曾提到，粒子的本质几乎难以捉摸。它们不是小球，而更像是时空的旋涡，其直径因实验条件而异。在本章所讨论的实验中，粒子

的行为像波，并在很大的空间范围内弥散。正如我们将在量子隐形传态的例子中看到的，这种弥散甚至可以延伸几千米。当它们撞击到探测器的屏幕上时，弥散的波就会塌缩成一个点。

现在有一个令人费解的观察结果：粒子的行为取决于我们对它的了解程度。一旦我们试图确定它到底是通过了两条狭缝中的哪一条，干涉图案都会消失。这里重要的并非是否有人在看，而是粒子与宇宙的其他部分解耦。只有当它与外部环境没有相互作用时，它那奇怪的波的特性才会显现出来。因此，说粒子"表现得"像波并不完全正确，因为实际上——在孤立的情况下——它就是一束波。

"薛定谔的猫"也与此类似。只有当观察者——或者更确切地说，是宇宙的其他部分——原则上无法知道哪一个情况是真的时，猫的"未死"状态才有可能存在。这种量子效应在与宇宙的其他部分耦合后消失的现象，在物理学中被称为退相干。为了更清楚地说明这一点，我们使用纳米粒子来进一步扩展双缝实验。与电子、中子和原子核相比，纳米粒子更大，可以被加热。如果在两条狭缝前对它们加热，理论上，其量子特性不会发生任何变化，因此干涉图案也应该保持不变，但图案消失了。究其原因，纳米粒子由于发热而发出的光子（热辐射）可以被用来追踪它们在实验腔中的路径。因此，可以用红外摄像机来确定纳米粒子飞过了双缝中的哪一条。只要能够获得这一信息，哪怕只是理论上可以，干涉图案也会消失——无论是否真的进行了测量。在量子力学的形式体系中，纳米粒子的发热等同于位置测量和波函数的坍缩。而量子特性的消失，就在这种理论上可探测的时刻发生。原本幽灵般的非局域性、存在的延展性，在它们自身的热辐射与外部环境相互作用后收缩成一个点：粒子再次成为一个粒子，并遵循经典物理学的规律，飞出一条确定的轨迹。

人们可能会认为，干涉图案消失是由于测量阻碍了粒子的前进，但实验人员已经想尽一切方法排除了这种可能性。即使是最温和的测量也会导致波函数立即坍缩。这一点非常重要，因为这里似乎不涉及"力"等物理作用，而是纯信息的传递。在粒子的状态即使只是在原则上可能被知道的那一刻，它的波的特性就会消失。因此，在量子物理学中，信息出现了变化——即使没有像实验者这样的生物在观察。这不只是有点儿令人费解，而是物理学中最大的未解之谜，其答案可能会颠覆我们对世界的看法。由于粒子是时空的激发态，它不仅会影响我们对构成万物（包括我们自己）的物质的理解，也会影响我们对其背后的时空的理解。或许，只有当一个系统与宇宙其他部分解耦时，其内部的量子过程才会受制于更高层次的自然规律。相应地，了解粒子的本质可以为我们打开一扇通往更高层次的现实的大门，其对我们来说依然神秘。

以"薛定谔的猫"为例，即使在如今看来，将实验落实也是极其困难的。将一只猫与周围环境完全隔开绝非易事。为了让奇特的量子现象显现出来，必须完全隔绝猫和环境之间的热辐射。此外，还不能有空气交换，这意味着必须通过一层完美的、无辐射的真空将这只动物与外界隔开。这种要求在技术上几乎不可行，在伦理上也存在争议。相比之下，对较小系统（例如纳米级量子点或量子比特）的纠缠态实验已在大量进行，这些系统更容易与外部环境隔开，且已经在各个方面证实了量子物理学的预言。因此，目前可以认为"薛定谔的猫"处在既死又活的状态。在量子计算机中，纠缠态被用来执行特殊计算，如果用传统芯片，完成这些计算需要长得多的时间。由于即使是微弱的热辐射也会导致量子现象消失，故这类设备通常在接近绝对零度的温度下运行。

根据量子物理学，导致波函数坍缩的不是热辐射，而是测量。问题不在于如何进行测量，而在于通过它可以获得哪些信息。如果这与确定位置有关，那么一束弥散的波就会在被测量后收缩到一个粒子所在的点上。在这里重要的是，仅靠信息就改变了系统。因此，在量子物理学中，信息起着决定性的作用。信息从系统传递到外部环境，即宇宙的其他部分。根据经典物理学的观点，这种相互作用不应该存在于无生命的自然界中。然而，它确实存在。

为何微观世界的自然规律过了那么长时间才被发现呢？因为日常环境充满了热辐射，它将所有较大的物体——从病毒和微粒起步——与外部环境耦合在一起，从而导致量子效应的消失。持续的热量、动量交换就像持续的位置测量，导致粒子的行为像粒子，且波函数不断坍缩。此外，整个宇宙都充满了背景辐射，这可能是微观世界的奇特现象没有出现在宏观世界中的最终原因。而在微观世界中，原子和基本粒子不与热相互作用，量子规律也就不受阻碍地发挥着作用。

量子隐形传态

在本书的开头，我们描述了一个处于暗星云中的假想文明，其中的物理学家正试图解释自己的世界。但由于缺少关于他们所在区域之外的宇宙的基本信息，他们并没有完全成功，其世界观中的不一致性、悬而未决的问题和临时修正都表明，他们只认识了现实的一小部分。在我们的世界里，量子物理学中的奇特规律可能起着类似的作用。

第 4 章表明，现代物理学中存在的问题——尤其是和大爆炸及暴胀相关的——暗示了其他自然规律的存在。此外，为了解释一些特殊的问题，可能需要假设存在另一种现实。然而，后者完全超出了人类的想象。例如，是否存在一个不受时间作用的世界？这对我们这些受时间束缚的人来说是难以置信、但也不能排除的存在。关于这个问题，我们将在下文中讨论。

在科幻作品中，"传送"的概念很受欢迎。它指的是一个地方的人或物体被分解成原子状态后，再以光速传送到另一个地方，然后在目的地重新组装。而在更加奇幻而非科幻的影视作品中，人们可以凭借意念消失，然后在其他地方重新出现。根据作者的构想，这并非物质的传输，而是纯粹位置的变化。因此，这个过程也可以在不经历时间流逝的情况下发生。当然，这些在现实生活中都是不可能的，但有一个例外：量子隐形传态。

量子隐形传态是量子物理学中的一类实验，涉及所谓爱因斯坦–波多尔斯基–罗森佯谬（EPR 佯谬）。在这些实验中，人们试图测量一束弥散的物质波坍缩到一个点的速度，例如通过前文的双缝实验中的测量使粒子的波态坍缩。如今，人们已经在数百千米的距离上实现了量子隐形传态，但令人费解的是，实验成功意味着由实验一端的测量引发的波函数坍缩以至少 1000 倍光速传播到另一端。研究人员猜测这一过程是在瞬间发生的，然而，因为时间测量的精度有限，所以只能给出传播速度的下限。或许它是一个不经历时间的量子过程，但在宏观世界中不会出现。

爱因斯坦和他的两位同行对当时新发展的量子物理学的基本假设表示怀疑。为此，他们设计了一个实验（EPR 实验）。该实验一方面符合科学定律，另一方面却与逻辑理性和相对论矛盾。这个实验在当时的技术水平下无法进行，但现在可以了。

首先，将两个合适的粒子（通常是光子或电子）置于共同的纠缠状态。实验开始时，它们的总角动量被调整为零，即旋转方向完全相反。但旋转轴的取向是未知的，即可以指向任何方向。准备就绪后，两个粒子朝着完全相反的方向飞离彼此。每个粒子都处于非极化态，这意味着它们的旋转轴同时指向所有方向，就像"薛定谔的猫"在同一时刻既死又活一样——这也是我们无法想象的，我们充其量可以把一个粒子想象成一个旋转的陀螺，其自身的旋转轴也在旋转，使得它的运动呈现出复杂的轨迹。

两个粒子飞行一定距离后（现实中可能是数百千米，理论上可以是数光年），用仪器测量其中一个粒子的极化。这时，我们就可以确定其旋转轴的方向了，因为粒子仅围绕一个固定的、现已知的轴旋转。用专业术语来说，它的状态从"非极化"变成了"极化"。这是一种在大量实验中得到证实的新状态。令人惊讶和难以理解的是，另一个粒子也在瞬间发生了极化，但其旋转轴的方向与第一个粒子相反。两个粒子都在被测量后发生了变化，并在同一时刻"固定"为一种可以被精确测量但彼此相反的旋转状态——虽然二者之间好像没有任何联系。这个过程与双缝实验中由观察所导致的干涉效应消失类似，只不过此时涉及的是旋转轴。在这里，描述两个粒子纠缠状态的波函数也发生了坍缩。

对于此类实验，有人怀疑粒子的状态是否真的发生了改变。第二个粒子必须正好反向旋转，而它确实这样做了。问题是，非极化状态与极化状态确实存在物理上可测量的差异。在这里详细阐述这些会离题太远，仅给有专业知识的读者一些提示：1964 年，约翰·斯图尔特·贝尔用以他的姓氏命名的不等式证明，对于处于纠缠态的两个粒子，这种超距且无视时间的耦合现象无法用隐变量理论来解释——至少在我们所熟知的四维时空内无法解释。此外，这一实验并不违反相对论，因为没有发生质量、能量或信息的传递。这类实验并不违反自然规律，而是扩展了它。

与暗星云中的文明的情况类似，我们也可以将 EPR 实验的奇怪结果视为一种提示——还存在隐藏的现实，特别是更高维度的空间。我们可以想象一种存在于一张纸上的二维生物，即类似于埃德温·阿博特的《平面国》（*Flatland*）中的几何图形。对这种生物来说，我们生活的三维空间是难以想象的。如果在它们的平面上有两个点被平面之外的一座桥连接（见图 5-4），那这两点之间的联动会完全超出它们所理解的相互作用，对此它们几乎无法解释。当试图理解 EPR 实验的结果或整个量子物理学时，我们发现自己也处于类似的境地。不过，只要没有隐藏的现实存在的直接证据，这也只是猜测。

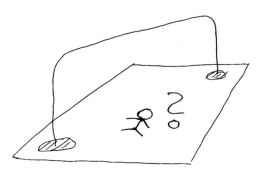

图 5-4：二维世界的生物无法想象两个点通过第三维度的一座桥进行联动。对他们来说，为什么这两个点会同步移动是一个谜

5.2　信息

无论是国际事件、名人生活还是天气，21 世纪人类的生活都被信息主宰着。书籍、唱片集和电影可以存储在光学或数字化的数据载体上。纯粹的信息是一种虚拟的东西，我们可以利用各种媒体加以存储或共享。一本书的内容以印刷物的形式在视觉上呈现出来，如果将其扫描或者输入计算机，信息就会以数字的形式保存在电路中。如果将书中内容朗读出来，信息就会转化为声波，而听众的耳朵又会将声波转化为大脑中的电脉冲。随后，大脑通过神经元的复杂化学过程，将灵感、想法和图像储存在记忆中。

无论载体是光学的、数字的、声学的、电学的还是化学的，信息本身是相同的。在计算机技术中，信息含量以比特（值为 0 或 1）来衡量，这就是所谓香农信息，可以进行精确的数学分析和处理。通过用 4 个比特对每个字母进行编码，可以将文本转换成一串 0 和 1 的序列。例如，A 可以用 0000 表示，B 可以用 0001 表示，C 可以用 0010 表示，D 可以用 0011 表示，以此类推。实际上，每个字母需要 8 比特的空间，即 1 字节，因为还要考虑大小写、数字和特殊字符。一本书的信息量可以通过每页的字符数和总页数计算出来。对于电影，人们则是将单个画面分解成像素，并为每个像素分配一个亮度值和一个颜色值。这些值也被数字化，转换成一连串的 0 和 1。根据分辨率的高低，一部电影的信息量可达几十亿字节，通常称为几千兆字节。

我们通过语言或文字等方式传递交流信息，并通过视觉或听觉等方式将其与环境信息区分开来。乍一看，信息似乎只存在于人类领域，因为需要意识才能将大量繁杂混乱的信息转化为有意义的信息。

但是，动物之间也会交换信息，例如互相警告对方有捕食者，或指明食物来源的方向。有些信息非常复杂，例如座头鲸的歌声或蜜蜂的舞蹈，甚至有些单细胞生物也能通过信使分子进行交流。因此，信息交换在动物界无处不在，但这还不是全部。每种生物都来自上一代，因此都有祖先。单细胞生物通过母细胞的分裂繁殖后代，连接它们的纽带是遗传物质，后者包含了生物构造的蓝图，即由鸟嘌呤（G）、腺嘌呤（A）、胸腺嘧啶（T）和胞嘧啶（C）4 种碱基编码的遗传信息。在人类细胞中，存储在 23 对染色体上的基因组的信息量约为 1.5 千兆字节。在基因中，每 3 个相邻碱基决定 1 种氨基酸，后者则是蛋白质的基本组成单位。

宇宙是观察者？

既然繁衍依赖于遗传信息的传递，那么抽象来看，生命本身就是建立在信息交流的基础上的。在这种情况下，可以说生命就是信息，信息就是生命。然而，在量子物理学中，这种观点出现了动摇。

在有生命的自然界中，信息会影响参与者的行为。在交流过程中，信息的传递往往是为了以某种方式影响接收者。在物理学中，测量的目的是获取有关系统的信息。位置测量就是一个例子。因此，测量可以被视为从被研究系统到观察者的信息传递。在自然科学领域，人们长期以来一直认为，对一个系统的了解并不会改变这个系统。对一个粒子来说，应该无所谓是否有人知道它在哪里以及它要去哪里，因为信息在无生命的自然界中不起作用——至少在发现量子物理学之前，人们一直持这种观点。

然而，如今我们必须放弃这一假设，因为很明显，人们从系统中获取信息确实会改变系统本身。有一段时间，研究人员认为是测量让敏感的基本粒子偏离了原本的状态。但是，正如无数次实验所证明的那样，无论测量过程多么小心，都会对研究对象产生影响。用量子物理学的术语来说，测量会将系统带入"测量算符的本征态"。此时，被观测的粒子突然按照宏观世界的规律行事，并使自己表现为粒子。但如果隔一段时间不看它，其又会变得模糊不清。用专业术语来说，就是"波包散开"。

测量，在这里被理解为从无生命的物体到测量仪器再到实验者的信息传递。按照常识，正如早期物理学家的假设，测量会在某种程度上扰乱系统。但这种变化实际上是由信息传递本身引发的。因此，通过量子比特进行的信息传输是防窃听的。它所包含的信息在被读出的瞬间就会发生变化。如果一个外部人员试图访问它，原本的接收端接收到的信号就会出现异常。

此外，测量结果也不一定要被有意识的生物感知到。换句话说，一旦宇宙的其他部分可以获知这个系统的状态，这个系统的行为就会变化——奇特的量子规律会突然消失，经典物理学将重新登场。但是，宇宙的其他部分，或者说无生命的自然界怎么可能"知道"些什么呢？看起来信息不仅在生物中传递——这非常奇怪。

"万物源自比特？"

信息在无生命的自然界，尤其是在量子世界中的重要性值得更深入地讨论。我们已经知道，电子是会自旋（有角动量）的基本粒子。在日常生活中，物体的旋转轴可以指向任何方向。对于一个旋转的物体，一旦它的旋转轴指向某个方向，由于角动量守恒，在没有外力的情况下，它的旋转速度和旋转轴的方向将保持不变。人们可能会认为，旋转轴方向的任意性也应该适用于具有自旋的基本粒子，但电子是个例外。

施特恩-格拉赫实验可用于测量电子旋转轴相对于特定方向的指向。在这个实验中，首先让一束电子穿过实验装置。根据旋转轴的方向，电子会发生或大或小的偏转。如果选择垂直方向作为测量方向，我们预期有些电子会向上偏转，有些不偏转，有些则向下偏转，但实际观察到电子只有两种反应：一种是向上偏转，另一种是向下偏转，即它们的自旋只能向上或向下，而没有中间状态。显然，电子的自旋角动量在取向上是量子化的。

在第一次通过实验装置后，实验者得到了两束电子，其自旋要么向上，要么向下。现在，将这两束中的一束通过第二个装置，这个装置被用来测量相对于水平方向的自旋角动量。按照经典物理学的观点，垂直极化的电子应该不会出现偏转，但结果并非如此——它们又分成了两束电子。对于新的测量方向而言，正好有一半电子的自旋方向是向上的，另一半是向下的。实际上，自旋可以在任何方向上被任意多次地测量，但结果总是能确定的：要么向上，要么向下，就像比特数的 0 和 1，只有两种可能。电子的行为好像表明它们的"词汇量"极其有限，因为对于有关自旋的问题，它们只能用"向上"或"向下"来回答。

在 1998 年的一篇文章中，维也纳大学的安东·蔡林格教授基于信息论方法对这一现象作出了新的解释。他假设自然界的基本系统只能携带一个比特的信息。实际上，这一假设意义深远，因为大量的实验结果表明自然界存在一种奇特的量子行为。例如，测量结果往往只能得到特定的离散值，不存在中间值。假如这个世界是计算机模拟的，那么蔡林格教授的观点就可以为这些结果提供一个令人惊讶的简单解释。这是因为，计算机中的过程在某种程度上也是量子化的，即总是以 0 和 1 交替进行。例如，仔细观察屏幕就能看到单个像素，而只有从远处看，这些像素才像是连续的。

据此，蔡林格教授建议将电子的这种奇特行为（相对于选定的测量方向只能"向上"或"向下"）视为一种量子信息现象。蔡林格教授进一步阐述了他的想法，并得出结论：人们可以基于这一准则构建整个量子物理学。据此，信息，或者更准确地说是量子信息，将是世界的基础。与此相符的还有这样一个事实：量子系统一旦被观测就会改变。鉴于此，信息在无生命的自然界中所起的作用可能比之前所认为的要大得多。但这还不是全部。

2008 年去世的约翰·惠勒教授是美国理论物理学家，他在其从事的多个领域做出了杰出贡献。例如，黑洞这种天体就是他命名的[①]。在生命的最后阶段，他提出了关于现实本质的问题，其中最重要的问题或许是：万物源自比特吗？在惠勒看来，量子物理学的实验表明，宇宙的实体可能不是由粒子和力构成，而是由信息构成。他的分析即使对于专业人士来说也很难理解，这里就不详细阐述了。重点是，惠勒也把信息视为核心部分——即便它不是现实的基础。按照他的观点，在无生命的自然界中不应该有信息或意识的概念，因为这和唯物主义的经典物理学相矛盾。与本书的论点一致，他写道："当然，总有一天我们会掌握万物的真理，它是如此简单、如此美丽、如此令人信服，以至于我们都会说：哦，怎么可能不是这样呢？我们怎么会盲目了如此之久？"也许有朝一日，暗星云中

---

① 实际上，"黑洞"一词最早由科学记者 Ann Ewing 在 1963 年的一次会议中提出，惠勒于 1967 年采用了它并将其推广。——编者注

的文明会逃出黑暗的牢笼，并问自己怎么会想到原初洞理论。在遥远的未来，我们也可能会对今天的理论感到好笑。

但是，是什么让"是信息而非粒子和力构成了一切存在的基础"的说法如此有说服力呢？对大多数人来说，这一假设并不比当代物理学的理论模型更抽象或更难理解。是什么令它如此特别呢？也许是因为信息的非物质性。在这个世界观中，宇宙就像一台无生命的机器，从大爆炸一直运转到缓慢的热寂死亡，而生命和意识只不过是极小概率的偶然事件。然而，如果生命是信息，而信息又是一切存在的基础，那么生命就不再是无足轻重的东西，而是"存在"的体现。信息和意识是相关的概念，那么，意识是一切存在的基础吗？

我们要讨论的最后一点也许更适合放在宗教领域而非自然科学。物理学中有个量子信息守恒定律，它源于薛定谔方程和狄拉克方程的某种特性。这两个方程都是"时间反演不变"的，也就是说，它们描述的过程既可以正向进行，也可以反向进行。因此，如果烧毁一本假想的纳米尺寸的书，它所包含的信息不会丢失，因为如果时间倒流，它可以从烟雾和灰烬中再生。这一事实与我们在宏观世界中的经验完全不符，但在足够小的尺度上，它几乎是肯定成立的。无论如何，信息都会被保留，不会被毁灭。

这一点值得深思，因为我们已经知道，我们所熟悉的、与全球约 80 亿人共享的现实生活，归根结底是微观世界的宏观体现。有一种模型把信息比作能量，而能量也遵循守恒定律。这意味着什么？人类在地球上苏醒、入睡、生存和死亡，是一个巨大循环的一部分。在这个循环中，能量不会毁灭，而是转化为另一种形式。或许信息亦是如此。如果我们的 DNA 变性，分解成微小的组分，我们无法再将其恢复至原有状态。而根据量子信息守恒定律，它可能仍然存在，只是形式不同罢了。人类的意识可能也是如此。那么，在我们死后，我们的人格不会再以原来的形式存在，而是广泛地分布在整个宇宙中——这是一个美妙的想法。

总结：无法解释的、难以理解的

我们到目前为止只认识了现实的一小部分，虽然数学可以描述量子规律占主导地位的那部分现实，但我们并未因此而真正理解它。一旦粒子与外部环境有任何耦合，其幽灵般的波动特性就会消失。我们基本得出了一个结论，即只要有人观察量子系统，它们就会遵循经典物理规律运行，而一旦它们与宇宙的其他部分解耦，就会表现出奇特的量子行为。在这种情况下，尤其令人费解的是量子隐形传态，它无视距离的远近，而且没有时间延迟。到目前为止，我们还无法解释这种现象。一个猜想是，两个纠缠粒子的耦合是在更高的维度实现的，例如一个额外的空间维度。这样的过程对我们来说很神秘，但对更高维时空内的生物来说可能稀松平常。

宇宙中一切存在的基础可能不是粒子和力，而是信息，这种想法看起来近乎离奇。与直觉相反，信息在无生命的自然界中也起着决定性的作用。如果信息总是在发送者和接收者之间传递，那么当处理量子信息时，是何人或者何物占据了这两端？蔡林格教授的假设（应该可以解释基本粒子的奇特性质）指出：基本粒子一次只能携带一个比特的信息。这让人想起科幻电影《黑客帝国》。在电影中，整个世界都是计算机模拟出来的。难道我们生活的现实也是如此？

量子信息不能被毁灭。在这方面，它类似于同样无形且可以通过多种方式传递的能量。当我们消耗能量时，它虽然还存在，但分布得太细碎，以至于无法被再次利用。这也适用于信息吗？还是只适用于量子信息？二者之间又有什么区别呢？量子层面的自然规律是一切存在的基础，因为所有宏观过程最终都可以分解为原子层面的过程。如果守恒定律适用于普通信息，那么它也适用于我们的意识。在我们死后，即使是零碎地分布着，我们的某些东西也会保留下来，成为未来的一部分。

这一切意味着什么

物理学并不能解释一切，至少在目前看来如此。最新的实验结果为其他现实的存在提供了证据。我们不知道那里有什么，关于它们的性质，我们最多也只能猜测。

第 1 章讲述了暗星云中的文明。他们对其他恒星和星系一无所知，因此也无法对自己世界的起源给出一个合理的解释。然而，他们还是提出了一种理论，即便这个理论有着奇怪的不一致性，且需要各种修正才能在一定程度上与测量结果相符。我们的情况也是如此。我们的物理学世界观也不能与我们实证研究得到的数据相匹配——这表明我们也可能生活在一片暗星云中，只是我们的暗星云要比故事中的大得多。

宇宙从极度炽热的大爆炸中诞生，此后不断膨胀、冷却，最终步入缓慢的热寂死亡。这种过程让人联想到蒸汽机，其活塞的运动从压缩气体开始，然后经历膨胀和冷却，最后将废气排出。这种相似性并非偶然，因为人们对世界诞生的看法总是受时代精神的影响——尽管自然科学自称客观。如今，人们逐渐摆脱了迷信和宗教。我们现在几乎本能地认为，任何让人联想到精神和玄学的东西都是无稽之谈。但是，那些不断冒险进入知识边界之外的研究人员发现越来越多的神秘事物，这就令人难以理解了。

这种与时代精神相契合的论点同样适用于惠勒的"万物源自比特"，即一切存在都基于信息。物理学家也开始在自然界中寻找数字化的量子和量子信息。我们的知识边界在不断扩展，但应始终意识到，我们可能只认识现实的一小部分。

物理学中有很多无法解释的现象。例如，虽然大爆炸理论可以描述宇宙在大爆炸中诞生的过程，但不能解释大爆炸本身。对于一个在名称中明确其研究对象的理论来说，这有点儿奇怪。此外，它还需要一些补充，如暴胀理论。这意味着宇宙在诞生后必须立即以超光速膨胀。对此有两种可能性：要么确实如此，这意味着存在一些在我们所认识的现实之外起作用的自然规律；要么不是这样，这意味着这个理论是错误的。

我们这个精心设计的宇宙看起来更奇怪。为什么自然常数的值恰好是这样，以至于我们能够存在？对这个问题有各种听起来像科幻小说的答案。首先，有弦理论家提出的巨型宇宙。根据他们的说法，我们只是偶然生活在一个巨型宇宙中的少数几个可居住的区域之一，这个宇宙的尺度延伸到了可观测宇宙的边缘之外。其次，也可能存在多个平行宇宙，每个宇宙都是在一次独立的大爆炸中诞生的。就像行星一样，它们中只有一小部分适合生命的存在。最后，一些物理学家提出了更高的空间维度，而我们就像是书页上的二维生物，对邻近的页面一无所知，尽管它们可能离我们非常近。

量子规律既奇特又难以解释，但描述它们的数学在我们无法理解的现实领域仍然有效。奇特的量子现象总是在宇宙不"看"的时候，即被观测的系统处于隔离状态时才显现出来。那里盛行的自然规律属于现实的另一个层面吗？"万物源自比特"意为构成一切存在的基础不是粒子和力，而是信息。信息在量子世界中起着重要作用。此外，信息与意识在本质上是相似的。因此，惠勒的观点让人想起许多宗教的教义。量子信息守恒定律也表现出类似的倾向。如果它是正确的，那么普通的信息，比如我们的意识，是否也不会消失？它们可能像能量一样，分散在整个宇宙中。

人们经常听到，物理学是纯粹的唯物主义科学，是宗教的对立面。按照这种观点，信息和意识只是人类想象的产物。然而，这种观点逐渐开始动摇。例如，在量子物理学中，一个系统向外部环境的信息传递竟然会影响到系统本身。这意味着信息也存在于无生命的自然界中，并且在现实的其他领域也起着重要的作用。现实可能并非没有意识的机器。

在一个无生命的系统中，信息会产生物理上可测量的差异。这在构成宏观现实基础的纳米世界中体现得尤为明显。我们无法知道这些信息到底是什么性质的，但它们似乎暗示现实有更高的层次。信息和意识的概念紧密相连，且都难以被定义。是否可以想象，更高层次的现实是由信息和意识所塑造的呢？基于本书阐述的量子物理学和宇宙学的内容，不能轻易地排除这种可能性。我们可以尝试将知识的边界进一步外推，进入未知领域。也许在这个过程中，我们会发现通往其他现实的桥梁。

探寻物理极限，叩问认知边界

格尔德·甘特佛的《原来物理还有这么多未解之谜》一书，凭借深邃的思想、严谨的逻辑和精妙的论述，为我们勾勒出一幅波澜壮阔的物理画卷。从微观领域到宏观世界，从经典力学到量子理论，作者凭借深厚的学术功底和生动的笔触，引领我们一步步趋近物理学的前沿，探寻那些令人既着迷又困惑的终极问题。

然而，翻译这样一部专业性极强的著作，对我们而言是一场巨大的挑战。书中充斥着大量专业术语、复杂的理论以及抽象的概念。如何精准传达作者的本意，同时兼顾中文读者的阅读习惯，成了我们面临的主要难题。

幸运的是，我们拥有一支富有激情和责任感的翻译团队。感谢吉林外国语大学的刘佳莹、刘璐瑶，以及吉林师范大学博达学院的厉鹏飞，在本书翻译工作中提供的宝贵支持和帮助。在翻译过程中，我们推敲斟酌每个字词，力求在精确性和易读性之间找到最佳的平衡。当然，由于我们水平有限，译文中难免存在疏漏与不足之处，恳请广大读者批评指正。我们期望，这本译作能为中文读者开启一扇通往物理世界的崭新窗口，激发更多人对科学的兴趣与探索热情。

最后，衷心感谢所有为本书出版付出辛勤努力的同人！

司晓明

吉林师范大学博达学院

2025 年 3 月 20 日